Scratch 3
程式積木創意玩

增訂 AI 應用

本書範例檔請至以下碁峰網站下載
http://books.gotop.com.tw/download/AEG002200
其內容僅供合法持有本書的讀者使用，未經授權不得抄襲、轉載或任意散佈。

Scratch 3 程式積木創意玩--增訂
AI 應用

作　　　者：王麗君
企劃編輯：江佳慧
文字編輯：王雅雯
設計裝幀：張寶莉
發 行 人：廖文良

發 行 所：碁峰資訊股份有限公司
地　　　址：台北市南港區三重路 66 號 7 樓之 6
電　　　話：(02)2788-2408
傳　　　真：(02)8192-4433
網　　　站：www.gotop.com.tw
書　　　號：AEG002200
版　　　次：2025 年 02 月二版
　　　　　　2025 年 06 月二版二刷
建議售價：NT$350

國家圖書館出版品預行編目資料

Scratch 3 程式積木創意玩 / 王麗君著. -- 二版. -- 臺北市：碁峰
　　資訊, 2025.02
　　　面；　公分
　　ISBN 978-626-425-009-2(平裝)

　　1.CST：電腦遊戲　2.CST：電腦動畫設計
312.8　　　　　　　　　　　　　　　　　　　114000966

商標聲明：本書所引用之國內外公司各商標、商品名稱、網站畫面，其權利分屬合法註冊公司所有，絕無侵權之意，特此聲明。

版權聲明：本著作物內容僅授權合法持有本書之讀者學習所用，非經本書作者或碁峰資訊股份有限公司正式授權，不得以任何形式複製、抄襲、轉載或透過網路散佈其內容。
版權所有・翻印必究

本書是根據寫作當時的資料撰寫而成，日後若因資料更新導致與書籍內容有所差異，敬請見諒。若是軟、硬體問題，請您直接與軟、硬體廠商聯絡。

目錄

Chapter 01　尋找飛貓寶寶　　1

- 1-1　Scratch 3 簡介 3
- 1-2　Scratch 3 版本 4
- 1-3　Scratch 3 視窗環境 5
- 1-4　新增角色 6
- 1-5　Scratch 3 積木形狀與功能 8
- 1-6　角色移動 11
- 1-7　角色外觀對話 15
- 課後練習 17

Chapter 02　英文打字指法練習　　19

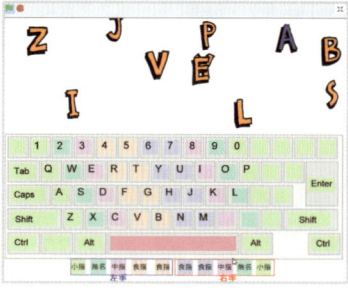

- 2-1　新增舞台背景 21
- 2-2　舞台座標與角色移動 25
- 2-3　偵測輸入英文字母 30
- 2-4　複製角色與程式 33
- 2-5　社群分享 35
- 2-6　將 Scratch 檔案轉換成 html 網頁　39
- 課後練習 41

iii

Chapter 03　足球攻守 PK 賽　43

- 3-1　角色動畫 45
- 3-2　角色面朝與迴轉方向 48
- 3-3　鍵盤控制角色移動 50
- 3-4　滑鼠控制角色移動 51
- 3-5　從固定位置移到隨機位置 53
- 3-6　說用戶名稱 56
- 3-7　組合偵測時間或日期 58
- 課後練習 60
- AI 能力大躍進 61

Chapter 04　拳王大 PK　63

- 4-1　如果否則與碰到滑鼠游標 65
- 4-2　點擊角色廣播開始 68
- 4-3　建立變數 69
- 4-4　設定隨機造型 70
- 4-5　關係與邏輯運算 72
- 4-6　電腦說出結果 73
- 課後練習 76
- AI 能力大躍進 78

Chapter 05　養侏羅紀的寵物

5-1	角色圖層	81
5-2	角色左右移動	84
5-3	角色隨視訊方向移動	85
5-4	創造角色分身	88
5-5	當分身產生時開始移動	89
5-6	角色尺寸	90
5-7	如果碰到改變尺寸	93
5-8	點擊角色互動	94
	課後練習	97
	AI 能力大躍進	99

Chapter 06　小雞蛋蛋音符

6-1	角色隨滑鼠游標切換造型	104
6-2	演奏音階	109
6-3	角色在舞台的定位	111
6-4	鍵盤當琴鍵演奏音階	114
	課後練習	116
	AI 能力大躍進	117

Chapter 07　金頭腦快遞　119

- 7-1　算術運算 121
- 7-2　詢問與答案 122
- 7-3　設定變數隨機取數 122
- 7-4　判斷答案 125
- 7-5　計算得分 127
- 7-6　畫筆下筆 128
- 7-7　答對時播放音效 135
- 7-8　倒數計時 137
- 課後練習 139

Chapter 08　多國語言翻譯機　141

- 8-1　背景或造型中文字型 144
- 8-2　多元啟動 145
- 8-3　文字轉換成各國語言語音 146
- 8-4　翻譯各國語言文字 149
- 8-5　多國語言翻譯機 150
- 課後練習 153

學習要點

尋找飛貓寶寶

1. 認識 Scratch 3
2. 編輯角色
3. 角色 1 面朝角色 2 方向移動
4. 角色隨機滑行

課前操作

本章將設計尋找飛貓寶寶程式。當綠旗被點擊時，飛貓寶寶說出：「Mammy」之後，在舞台隨機移動。飛貓媽咪則是說出：「Baby」，同時面朝飛貓寶寶方向移動。

請開啟範例檔【ch1 尋找飛貓寶寶.sb3】，點擊 ，動手操作【尋找飛貓寶寶】程式，並觀察下列動作：

1. 飛貓寶寶隨機移動。
2. 飛貓媽咪面朝飛貓寶寶方向移動。

Scratch 3.0 程式積木創意玩

腳本流程規劃

舞台	自訂或  (Forest 森林)
角色	 飛貓媽咪 　　飛貓寶寶
流程規劃	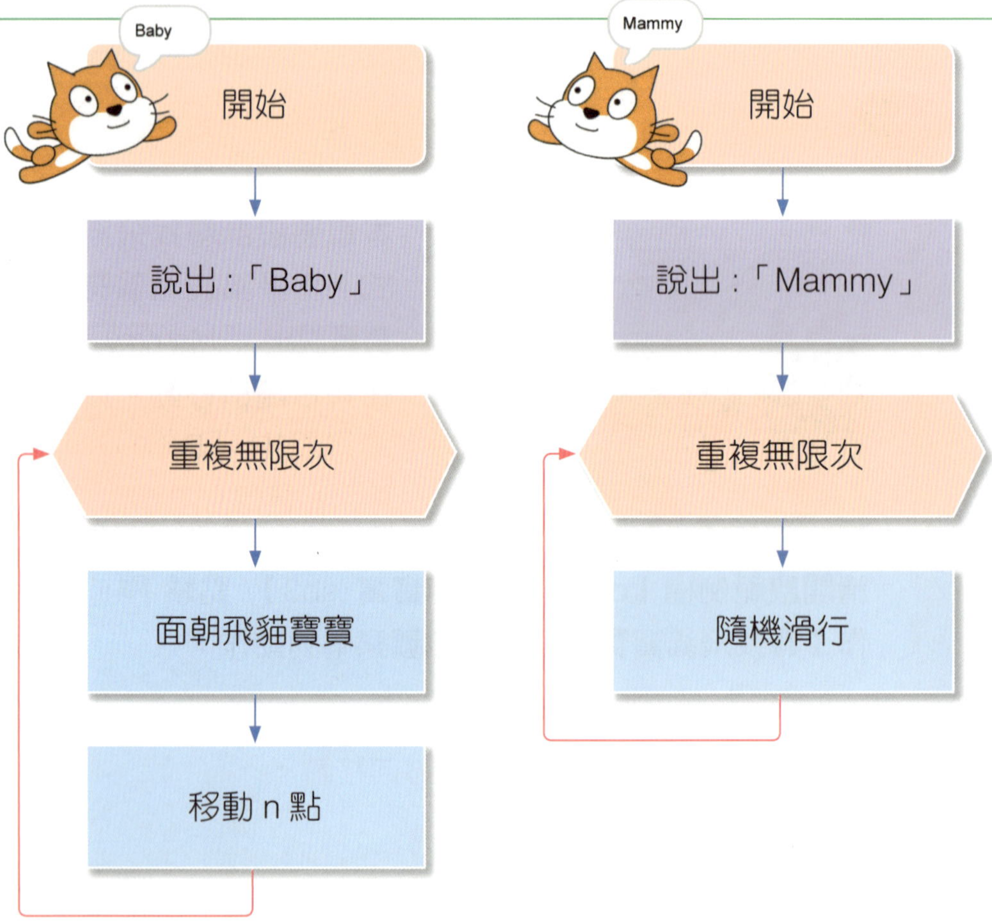 **Baby：** 開始 → 說出:「Baby」→ 重複無限次 (面朝飛貓寶寶 → 移動 n 點)　　**Mammy：** 開始 → 說出:「Mammy」→ 重複無限次 (隨機滑行)

Chapter 1 尋找飛貓寶寶

我的創意規劃

請將您的創意想法填入下表中。

創意想法	飛貓媽咪	飛貓寶寶
1. 飛貓媽咪與飛貓寶寶說些什麼呢？		
2. 飛貓媽咪與飛貓寶寶可以在 動作 中如何移動呢？		

1-1 Scratch 3 簡介

一、MIT 開發跨平台自由軟體

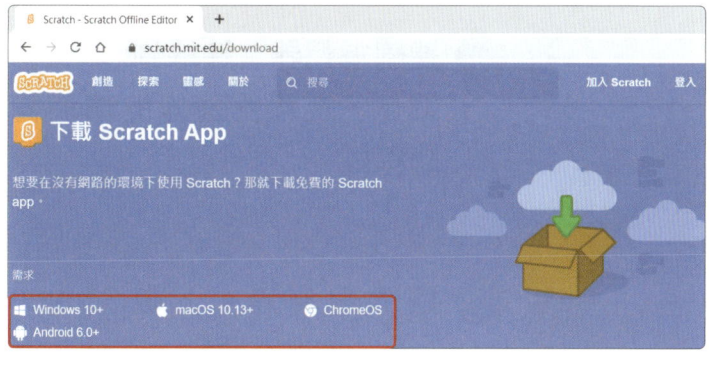

Scratch 3.0 是美國麻省理工學院媒體實驗室終身幼兒園團隊（MIT Media Lab）所開發的視覺化程式語言，目前已被世界各國翻譯成 60 多國語言，能夠在 Windows、MacOS、Chrome、Android 作業系統執行 APP 程式。

二、整合硬體實體世界

Scratch 3 的擴展積木新增翻譯與語音功能，同時能夠結合 micro:bit、LEGO、Makey 等實體裝置，讓學習者利用積木創造更多的互動式故事、動畫、遊戲、音樂或藝術等。

3

三、培養 21 世紀能力

從 Scratch 3 寫程式過程中,養成創造力、邏輯思考能力、問題解決能力與合作共創的能力。

1-2　Scratch 3 版本

Scratch 3 包含連線編輯器（Online editor）及離線編輯器（Offline editor）。

 連線編輯器：連線到 Scratch 網站,在網路連線的環境編輯程式。

 離線編輯器：下載 Scratch App,安裝在電腦,在沒有網路連線的環境編輯程式。下載網址:【https://scratch.mit.edu/download/】

1-3 Scratch 3 視窗環境

Scratch 3 主要視窗環境分成：「積木」、「程式」、「舞台」及「角色與背景」四個區域。

- A 編輯程式積木。
- B 編輯角色造型或舞台背景。
- C 錄音或編輯聲音。
- D 開始執行程式。
- E 停止執行程式。
- F 小舞台。
- G 大舞台。
- H 全螢幕。

- I 添加擴展積木。
- J 放大積木。
- K 縮小積木。
- L 還原預設值。
- M 新增角色。
- N 新增背景。

Scratch 3.0 程式積木創意玩

1-4 新增角色

新增飛貓媽咪與飛貓寶寶角色。

1-4-1 新增角色的方式

Scratch 3 新增角色的方式包括下列四種：

A 🔍 選個角色：
從角色範例中選擇角色造型。

B 🖌 繪畫：
在造型區畫新的角色造型。

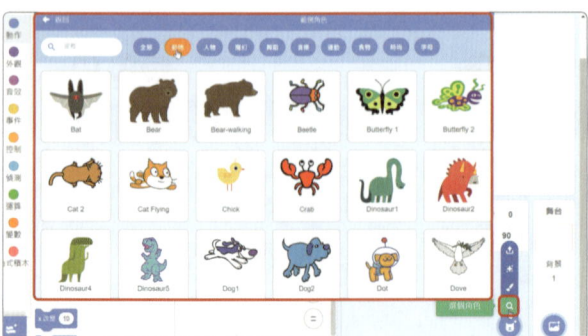

C ✨ 驚喜：
從角色範例中隨機選擇角色造型。

D ⬆ 上傳：
從電腦上傳新的角色圖檔。

1-4-2 新增範例角色

從範例角色中新增飛貓角色。

1. 點選【角色1】的 ✕ 刪除角色。
2. 在角色按 🐱 或 🔍【選個角色】。

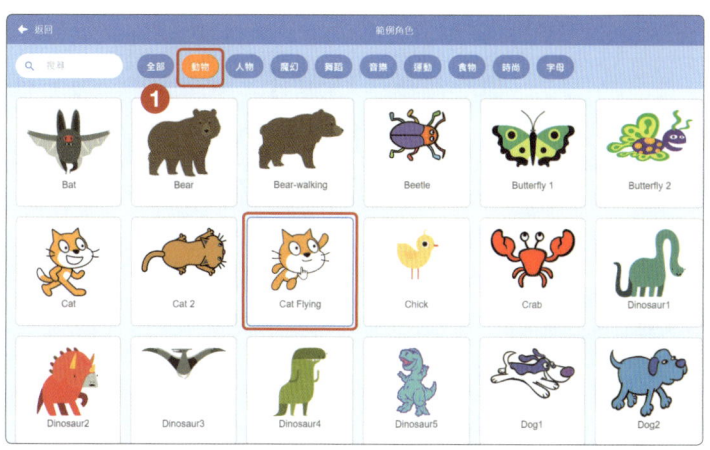

3. 點選【動物】的【Cat flying】（飛貓）角色。

小秘步
🐱 與 🔍 兩個圖示都可以「選個角色」。

1-4-3 編輯角色資訊

將角色名稱改為「飛貓媽咪」與「飛貓寶寶」。

認識角色資訊

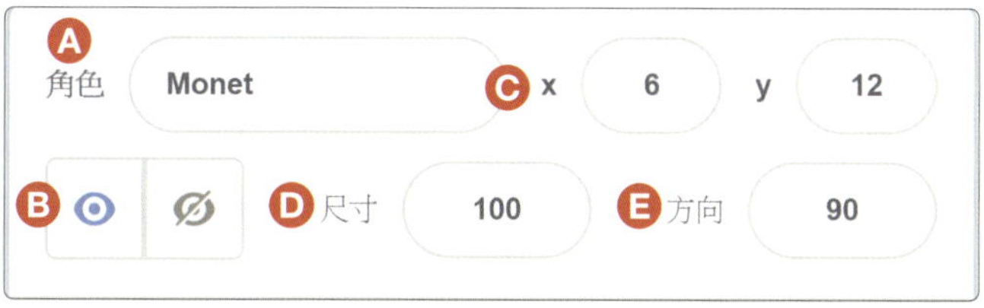

- A 角色名稱
- B 角色在舞台顯示或隱藏
- C 角色座標
- D 角色尺寸大小
- E 角色面朝的方向

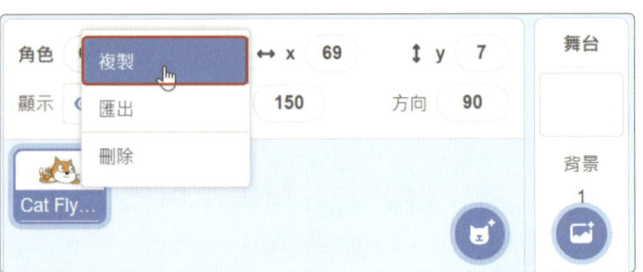

① 在【Cat flying】(飛貓) 按右鍵，複製另一隻【Cat flying 2】飛貓。

② 點選【Cat flying】，在角色名稱輸入【飛貓媽咪】，並設定尺寸為【150】。

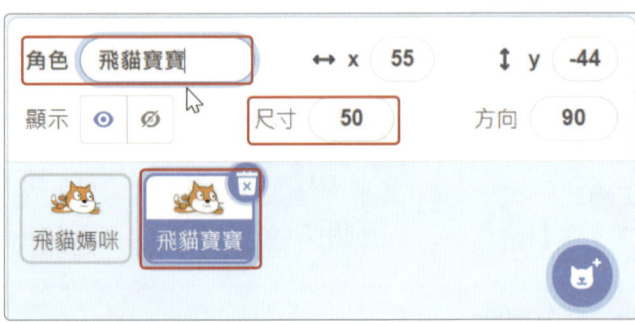

③ 點選【Cat flying 2】，在角色名稱輸入【飛貓寶寶】，並設定尺寸為【50】。

1-5　Scratch 3 積木形狀與功能

1-5-1　Scratch 3 積木形狀與功能

Scratch 3 積木包含：(1) 基本功能積木（動作、外觀、音效、事件、控制、偵測、運算、變數、函式積木）與 (2) 擴展積木（畫筆、音樂、視訊偵測、文字轉語音、翻譯、Makey Makey、micro:bit、WeDo 2.0、LEGO EV3），積木的外形分為下列六種形狀，每種形狀負責不同功能。

Chapter 1 尋找飛貓寶寶

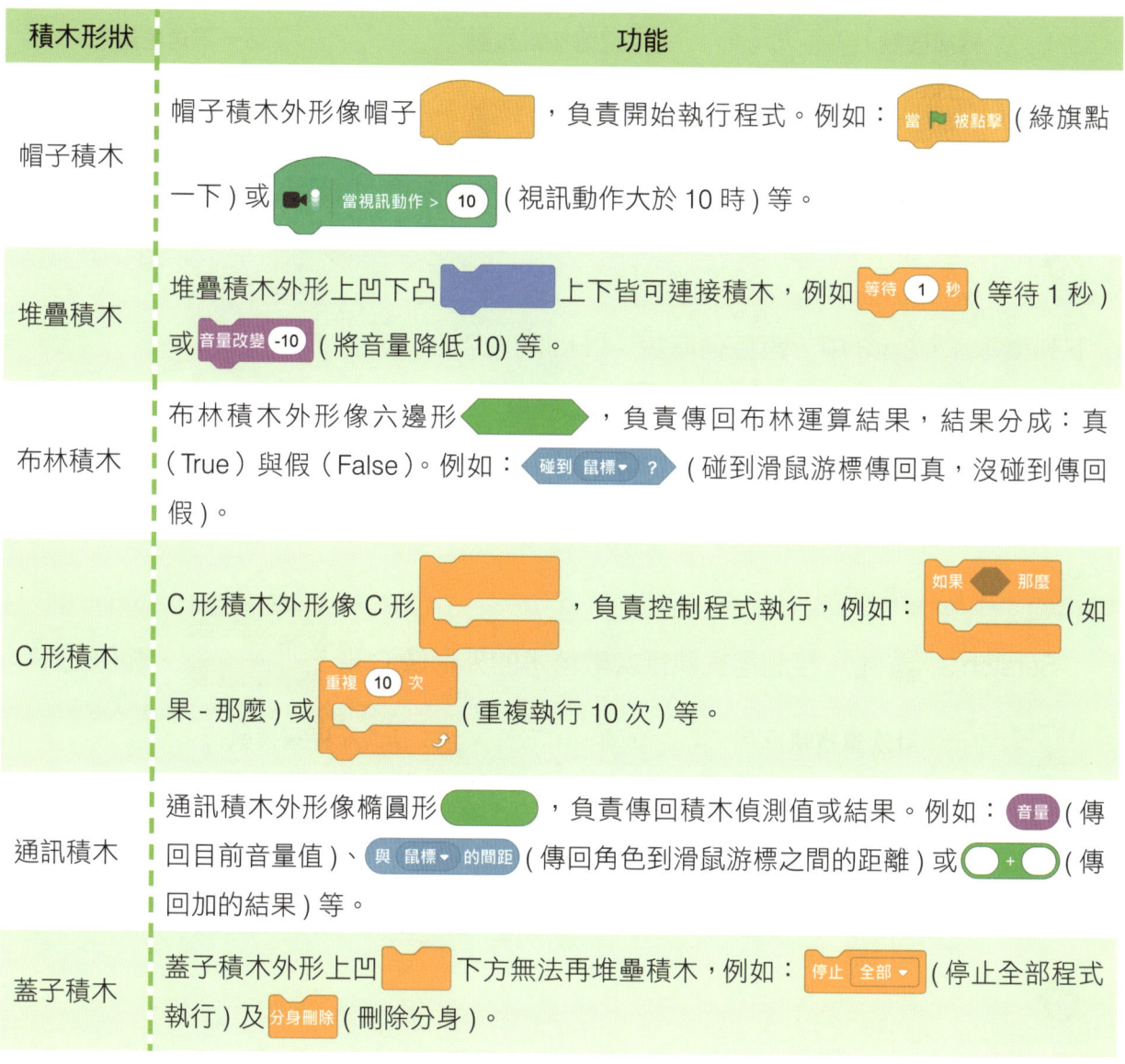

1-5-2 開始執行

Scratch 3 事件 中，開始執行程式的積木外形像帽子 ，負責開始執行程式。範例如下：

9

Scratch 3.0 程式積木創意玩

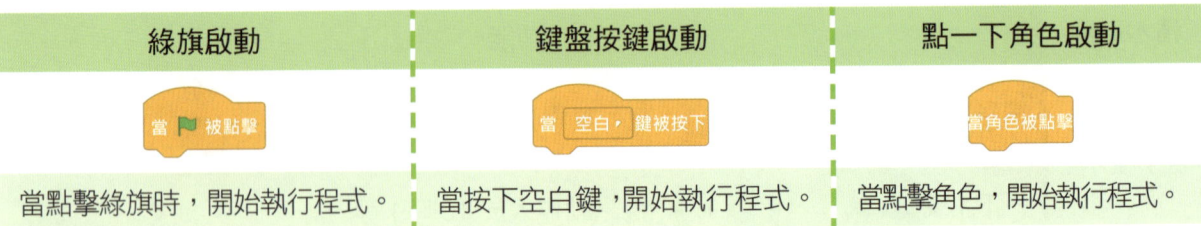

綠旗啟動	鍵盤按鍵啟動	點一下角色啟動
當點擊綠旗時，開始執行程式。	當按下空白鍵，開始執行程式。	當點擊角色，開始執行程式。

做中學　請同學自己練習做做看！

下列積木 1，2，3 中，角色何時說：「Hello!」？

1-5-3 重複執行

Scratch 3  中，控制程式執行次數積木的外形像 C 形，範例如下：

計次重複執行	不停重複執行
重複執行內層積木 10 次。	重複執行內層積木，永不停止。

做中學　請同學自己練習做做看！

下列積木 4 與 5 中，角色說幾次「Hello!」？

10

Chapter 1 尋找飛貓寶寶

1-6 角色移動

飛貓寶寶隨機移動,飛貓媽咪面朝飛貓寶寶方向移動。

1-6-1 面朝、定位與滑行

Scratch 3 中,角色面朝的方向、定位的位置與滑行移動的積木,外形上凹下凸 上下皆可連接積木,範例如下:

面朝	定位	滑行或移動
面朝 鼠標▼ 向	定位到 隨機▼ 位置	1. 滑行 1 秒到 隨機▼ 位置、滑行 1 秒到 x: -240 y: 0 2. 移動 10 點
面朝滑鼠游標或角色的方向。	移到滑鼠游標或角色的位置。	1. 在 1 秒內滑行到滑鼠游標、角色、隨機的位置或滑行到 X,Y 固定位置。 2. 往角色面朝的方向移動 10 點
面朝 飛貓寶寶▼ 向	定位到 飛貓寶寶▼ 位置	滑行 0.3 秒到 隨機▼ 位置
飛貓媽咪面朝飛貓寶寶方向。	飛貓媽咪移到飛貓寶寶的位置。 (兩個角色會重疊在一起)	飛貓寶寶在舞台上隨機滑行。

1-6-2 飛貓寶寶隨機滑行

飛貓寶寶在舞台上隨機滑行移動。

1. 點選【飛貓寶寶】。
2. 按 事件，拖曳 當 ▶ 被點擊 。

3. 按 控制，拖曳 重複無限次 。

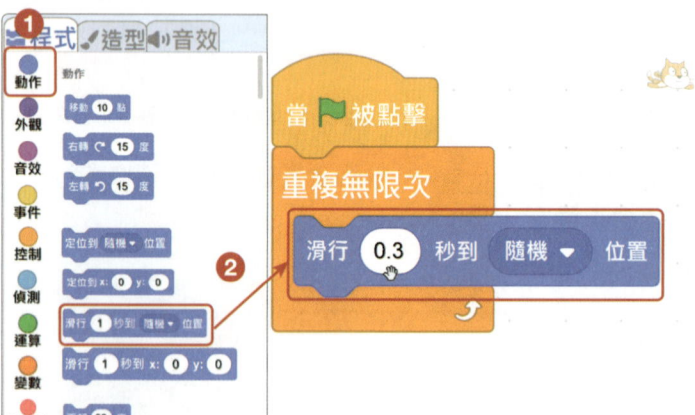

4. 按 動作，拖曳 滑行 1 秒到 隨機▼ 位置，輸入【0.3】。

Chapter 1 尋找飛貓寶寶

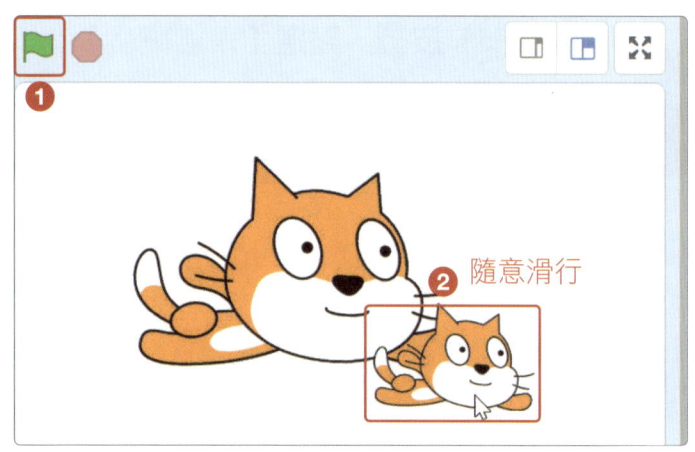

⑤ 按 🚩，檢查飛貓寶寶是否在舞台隨機滑行移動。

> 小叮步
>
> 滑行 1 秒到 隨機▼ 位置 ，秒數愈大滑行速度愈慢。

1-6-3 飛貓媽咪面朝飛貓寶寶方向移動

飛貓媽咪面朝飛貓寶寶方向移動，追著飛貓寶寶跑。

① 點選【飛貓媽咪】。

② 按 事件，拖曳 當🚩被點擊 。

③ 按 控制，拖曳 重複無限次 。

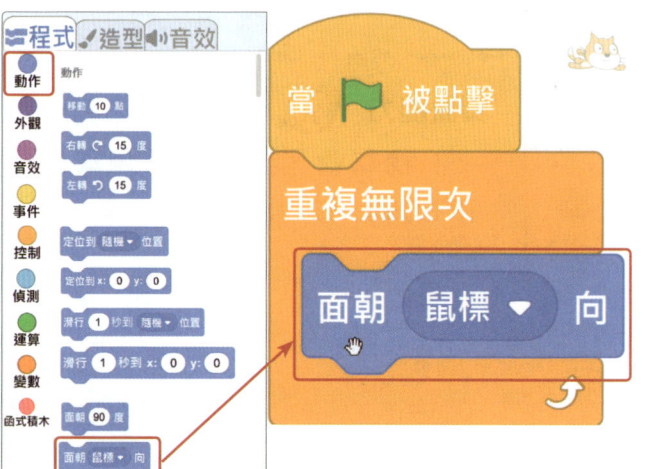

④ 按 動作，拖曳 面朝 鼠標▼ 向 。

Scratch 3.0 程式積木創意玩

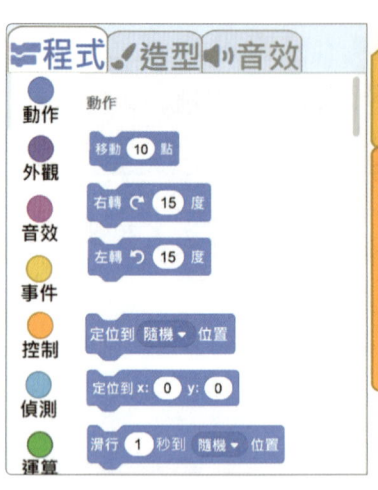

⑤ 按 ▼，點選【飛貓寶寶】。

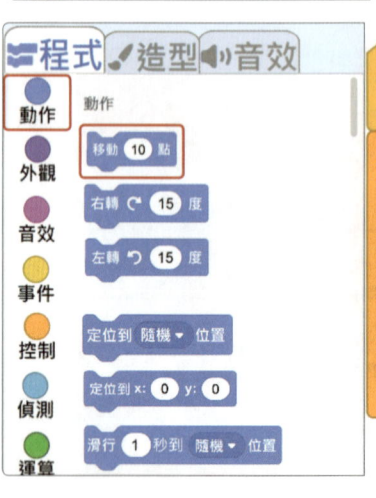

⑥ 按 動作，拖曳 移動 10 點 。

小一步
移動 10 點，數字愈大移動速度愈快。

⑦ 按 ▶，檢查飛貓媽咪是否面朝飛貓寶寶方向移動。

資訊能力
☐ 我學會了：控制角色移動的方式。

1-7 角色外觀對話

飛貓寶寶與飛貓媽咪對話。

1-7-1 角色外觀對話

Scratch 3 外觀 中，設定角色說話或想著的方式如下：

重複說出或想著	定時說出或想著
說出 Hello!　　想著 Hmm...	說出 Hello! 持續 2 秒　　想著 Hmm... 持續 2 秒
重複顯示說出或想著的內容，直到停止程式執行。	顯示說出或想著的內容 2 秒之後隱藏。

做中學　請同學自己練習做做看！

下列積木 6 與 7 中，角色說出的內容與移動方式有何差異？

6
```
當 🏳 被點擊
說出 Hello! 持續 2 秒
移動 10 點
```

7
```
當 🏳 被點擊
說出 Hello!
移動 10 點
```

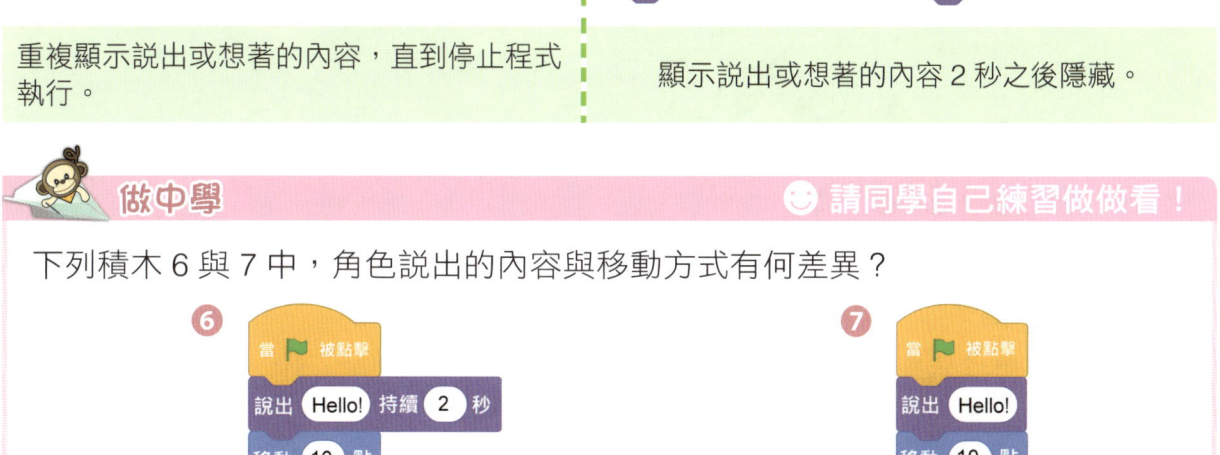

1-7-2 飛貓媽咪與寶寶對話

當綠旗被點擊時，飛貓寶寶說出：「Mammy」；飛貓媽咪則是說出：「Baby」。

```
當 🏳 被點擊
說出 Baby
重複無限次
    面朝 飛貓寶寶 ▾ 向
    移動 10 點
```

1 按 外觀，拖曳 說出 Hello!，輸入【Baby】。

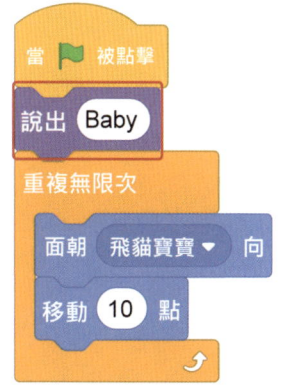

Scratch 3.0 程式積木創意玩

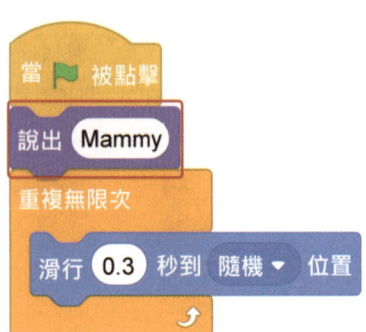

② 點選【飛貓寶寶】，重複上一個步驟，輸入【Mammy】。

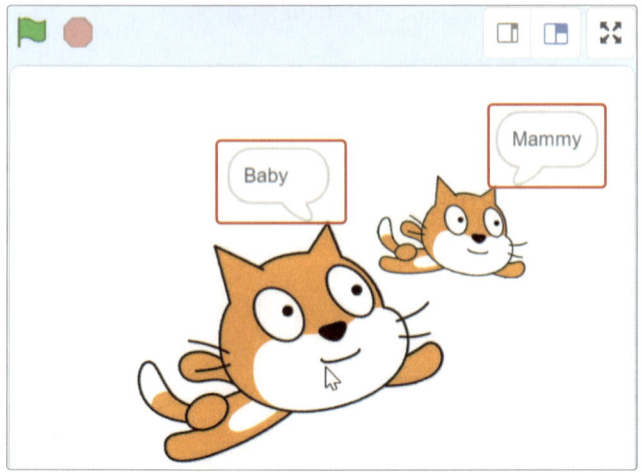

③ 按 🚩，檢查飛貓媽咪與寶寶是否同時說話。

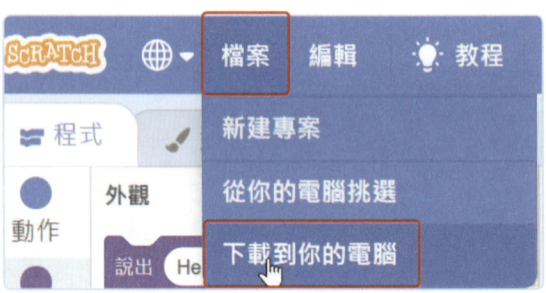

④ 點選【檔案 > 下載到你的電腦】。

小小步

Scratch 3 專案的副檔名為「.sb3」。

課後練習

一、選擇題

1. (　　) 下列關於 Scratch 3 敘述何者「不正確」？
   (A) Scratch 3 儲存的副檔名「.sb3」
   (B) Scratch 3 是付費軟體
   (C) Scratch 3 是美國麻省理工學院發展
   (D) Scratch 3 可以直接連線網頁建立新的專題程式

2. (　　) 如果要設計讓某一個動作「一直重複執行」，應該拖曳下列哪一個積木？

   (A) 　　(B)

   (C) 停止 全部　　(D) 等待 1 秒

3. (　　) 關於 Scratch 視窗，哪一區可以預覽程式執行的結果？
   (A) 角色 (B) 造型 (C) 積木 (D) 舞台。

4. (　　) 下列哪一個積木可以讓「角色移到滑鼠游標的位置」？
   (A) 面朝 鼠標 向　　(B) 移動 10 點
   (C) 定位到 鼠標 位置　　(D) 面朝 90 度

5. (　　) 下列何者可以開始執行程式？
   (A) ⬡ (B) ▶ (C) 🐱 (D) ▢

課後練習

二、動動腦

1. 請利用移動、定位或滑行積木改寫飛貓寶寶隨機移動的程式。

2. 請新增兩個角色,設計尋找恐龍程式。角色 1 恐龍隨著滑鼠游標移動,角色 2 則是面朝恐龍方向移動。

學習要點

英文打字指法練習 2

1. 認識舞台座標
2. 設計角色移動
3. 控制程式執行時間
4. 設計角色外觀

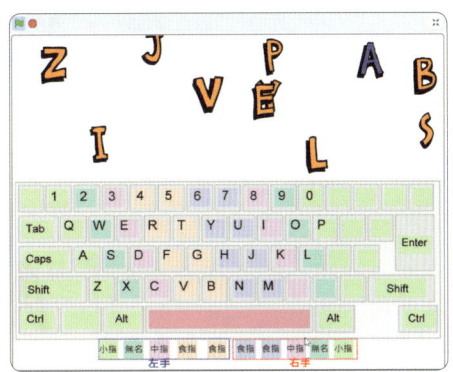

課前操作

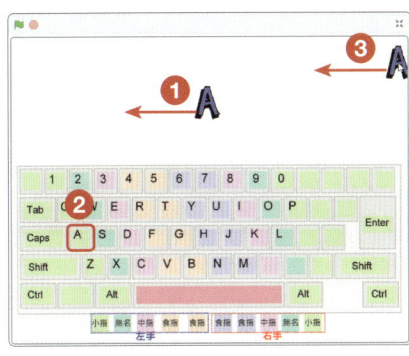

本章將設計英文打字指法練習程式。程式開始時，字母 A~Z 從舞台右邊重複移到左邊。當正確按下鍵盤按鈕 A 時，字母 A 隱藏，再從舞台右邊重複出現。請開啟範例檔【ch2 英文打字指法練習 .sb3】，點擊 ，輸入舞台出現的字母，動手操作【英文打字指法練習】程式，並觀察下列動作：

1. 字母 A 從舞台右邊往左移動。
2. 正確按下鍵盤按鈕 A，字母 A 隱藏。
3. 字母 A，再從舞台右邊出現。

Scratch 3.0 程式積木創意玩

腳本流程規劃

舞台	鍵盤
角色	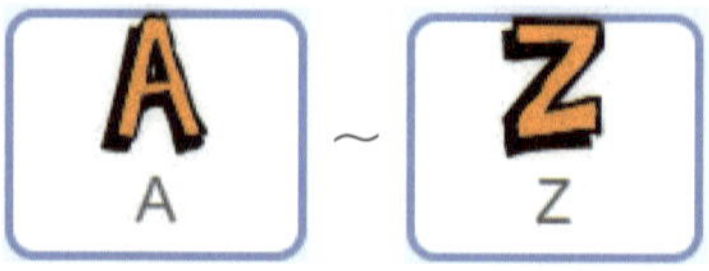 A ~ Z
流程規劃	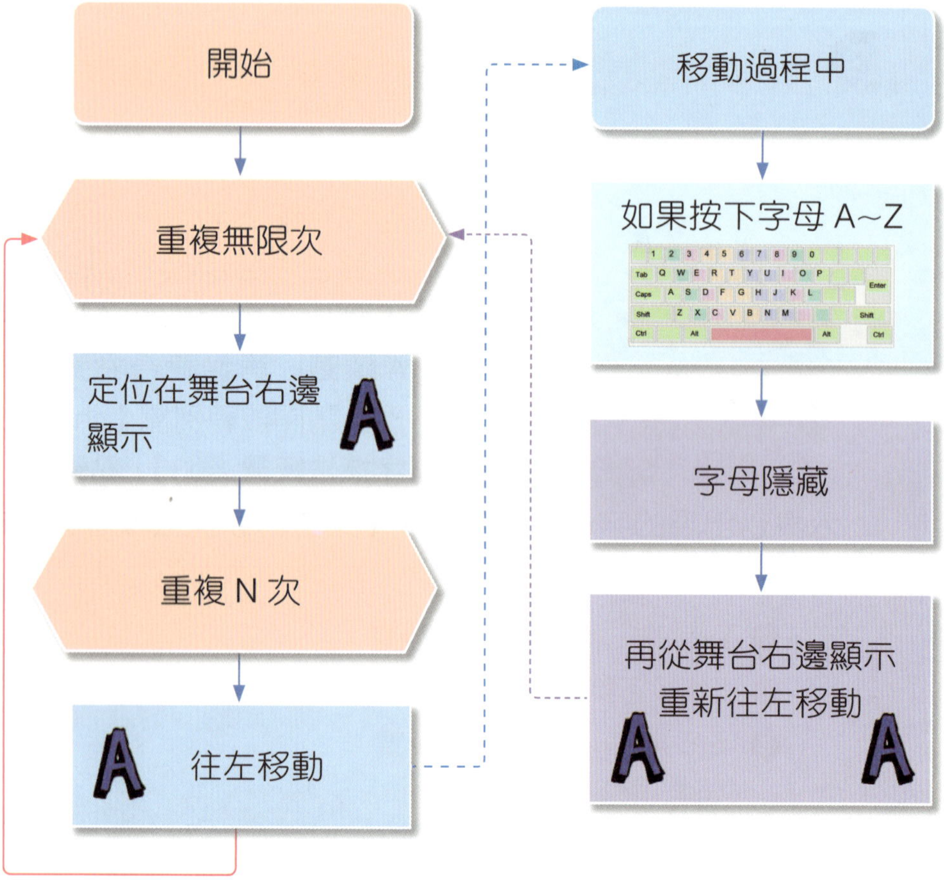 開始 → 重複無限次 → 定位在舞台右邊顯示 A → 重複 N 次 → 往左移動；移動過程中 → 如果按下字母 A~Z → 字母隱藏 → 再從舞台右邊顯示重新往左移動

Chapter 2 英文打字指法練習

我的創意規劃

請將您的創意想法填入下表中。

創意想法	字母 A~Z
1. 字母 A~Z 可以在 動作 中如何移動呢？	
2. 正確輸入字母 A~Z 之後能夠有哪些延申應用呢？	

2-1 新增舞台背景

新增鍵盤背景圖片。

2-1-1 認識舞台背景

Scratch 3 新增舞台背景的方式包括下列四種：

A 選個背景：
從背景範例中選擇舞台背景。

B 繪畫：
在背景造型畫新的舞台背景。

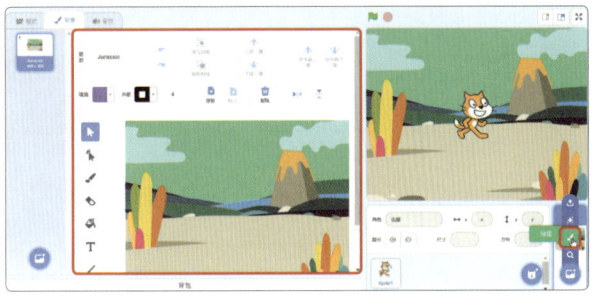

C ✨ 驚喜：
從背景範例中隨機選擇背景。

D ⬆ 上傳：
從電腦上傳新的背景圖檔。

🍀 2-1-2 從電腦上傳背景圖檔

① 開啟 Scratch 3，按【檔案 > 新建專案】。

② 在舞台按 ⬆【上傳】，點選【ch2 鍵盤背景 .png】，再按【開啟】。

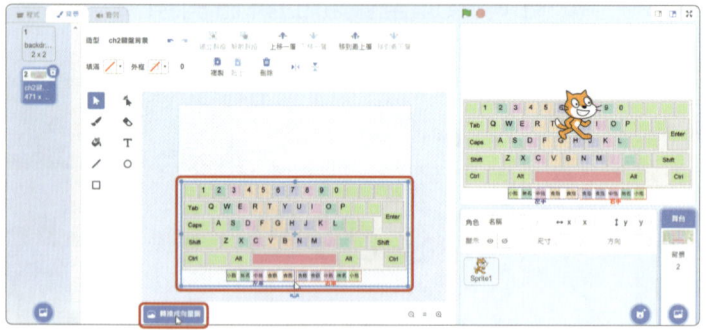

③ 點選【轉換成向量圖】，並將鍵盤圖片移到舞台下方。

Chapter 2 英文打字指法練習

小小步

練習英文打字時，左手食指放在 F、右手食指放在 J。鍵盤 F 與 J 的上方會有小凸點，用來定位打字手指的位置。每個手指的位置如下圖所示。

2-1-3 編輯背景或造型

編輯舞台背景或角色造型時，圖片檔分成向量圖與點陣圖模式，兩種模式相關功能按鈕分述如下：

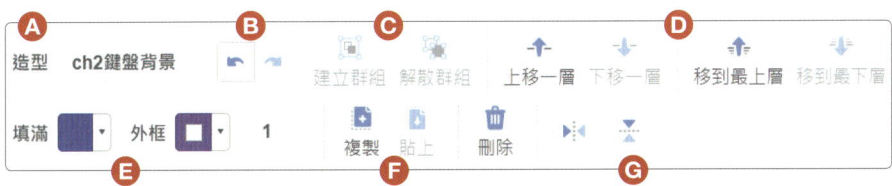

- Ⓐ 造型名稱【ch2 鍵盤背景】
- Ⓑ 復原或取消復原。
- Ⓒ 建立群組或解散群組。
- Ⓓ 上移、下移一層或移到最上、最下層。
- Ⓔ 填滿顏色、外框顏色與線條寬度。
- Ⓕ 複製、貼上或刪除。
- Ⓖ 橫向翻轉或直向翻轉。

Scratch 3.0 程式積木創意玩

向量圖繪畫工具列

選取
重新塑形
筆刷
擦子
填滿
文字
線條
圓形
方形

點陣圖繪畫工具列

筆刷
線條
圓形
方形
文字
填滿
擦子
選取

2-1-4 新增範例角色

新增角色 A，編輯角色 A 的造型。

① 選角色 1 的 ❌ 刪除角色。

② 在 🐻「選個角色」，按 🔍【選個角色】。

③ 點選【字母】的【A】，並將尺寸設定為【50】。

④ 點選 造型，拖曳【填滿】的顏色，選擇文字顏色。

小小步

按 ➕ 放大繪圖區，按 ➖ 縮小繪圖區，按 ＝ 還原 100%。

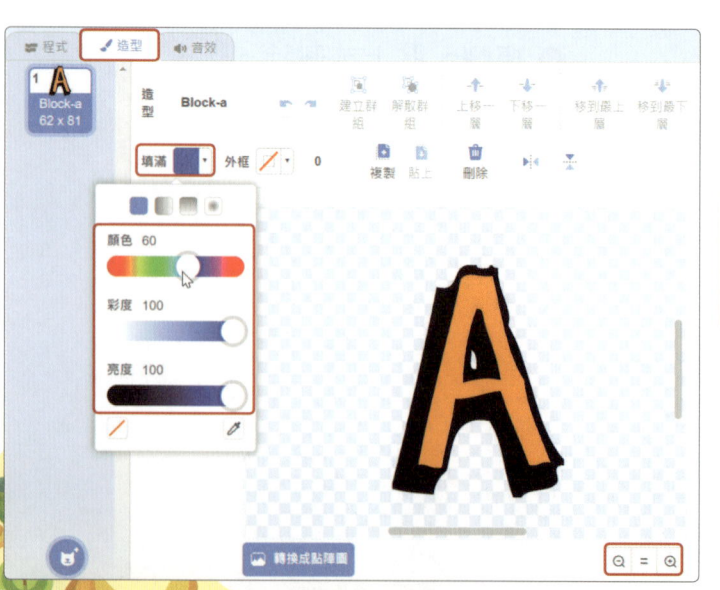

24

Chapter 2 英文打字指法練習

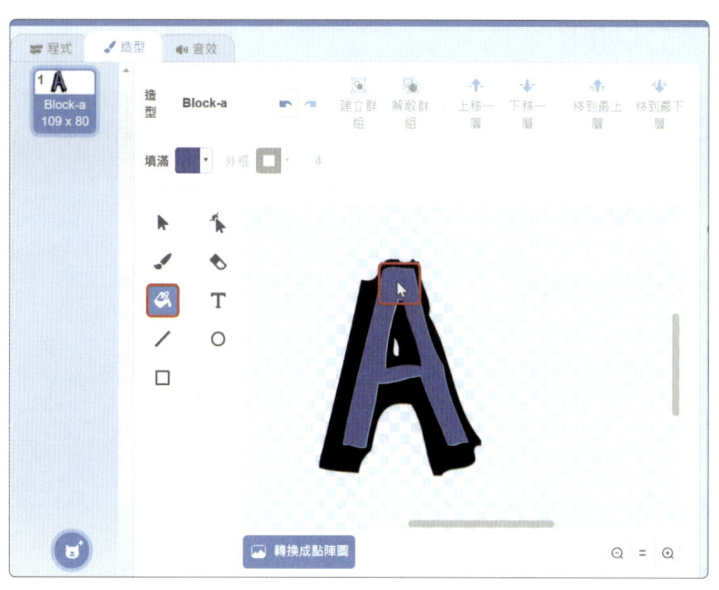

5. 點擊 【填滿】，在字母 A 點一下，填入顏色。

小叮步

1. 角色或背景的繪圖區中，以 ⊕ 為中心點。
2. 字母 A~Z 程式類似，將字母 A 的程式設計完成，再複製 B~Z 的角色與程式。

2-2 舞台座標與角色移動

字母 A~Z 從舞台右邊移到舞台左邊。

2-2-1 舞台座標

當角色在舞台左右移動時，範圍在 －240 ～ 240 之間，稱為「X 座標」，寬度是 480。在舞台上下移動時，範圍在 －180 ～ 180 之間，稱為「Y 座標」，高度是 360。正中心點的座標為（X：0，Y：0）。

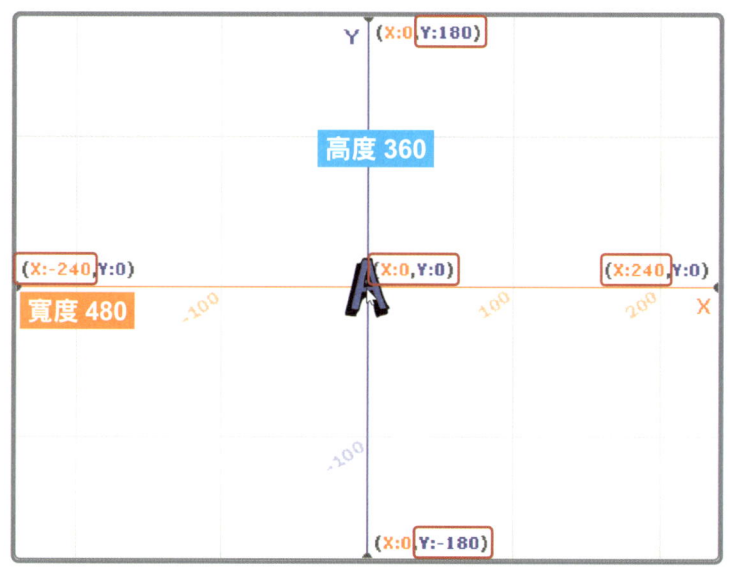

利用積木 將角色 A 定位在 x:0, y:0 時，角色的 🐱 中心點自動定位在舞台的中央。

25

Scratch 3.0 程式積木創意玩

將角色定位在舞台的 X,Y 位置的方式如下：

固定 X,Y 位置	固定水平位置 (↔)	固定垂直位置 (↕)
定位到 x: 0 y: 0	x 設為 0	y 設為 0
固定角色 X 座標與 Y 座標	固定角色 X 座標	固定角色 Y 座標

做中學　　　　　　　　　請同學自己練習做做看！

下列積木，字母 A 定位到舞台哪個位置？如何移動？

1. 定位到 x: 240 y: 0
2. 定位到 x: -240 y: -180
3. 移動舞台上的字母 A，觀察積木（X,Y）的變化，當字母 A 由中心點往上或往右移動，X 及 Y 值是否為正數？當字母 A 往下或往左移動，觀察 X 及 Y 值是否為負數？

2-2-2 角色移動

控制角色在舞台移動，可以使用下列 X,Y 指令積木：

往上移動	往下移動	往左移動	往右移動
y 改變 10	y 改變 -10	x 改變 -10	x 改變 10

Chapter 2 英文打字指法練習

做中學　　　　　　　　　　　請同學自己練習做做看！

下列 4，5，6 與 7 中，角色在舞台的位置如何變化？

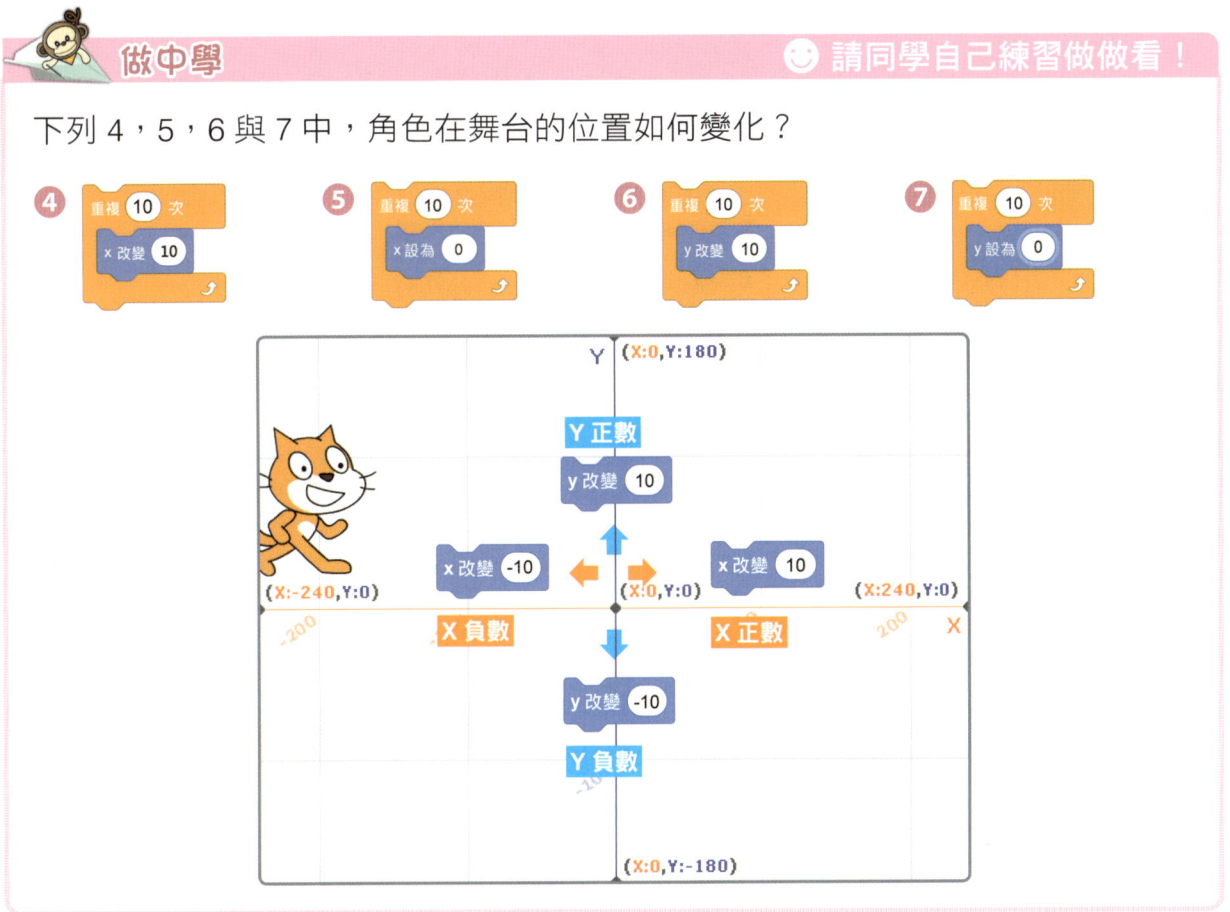

2-2-3　字母 A 由右往左移動

字母 A 由舞台右邊（X=240）往左移動，高度在鍵盤圖片的上方隨機位置。

隨機運算	
隨機取數 1 到 10	在第 1 個數（1）到第 2 個數（10）之間隨機選一個數。

Scratch 3.0 程式積木創意玩

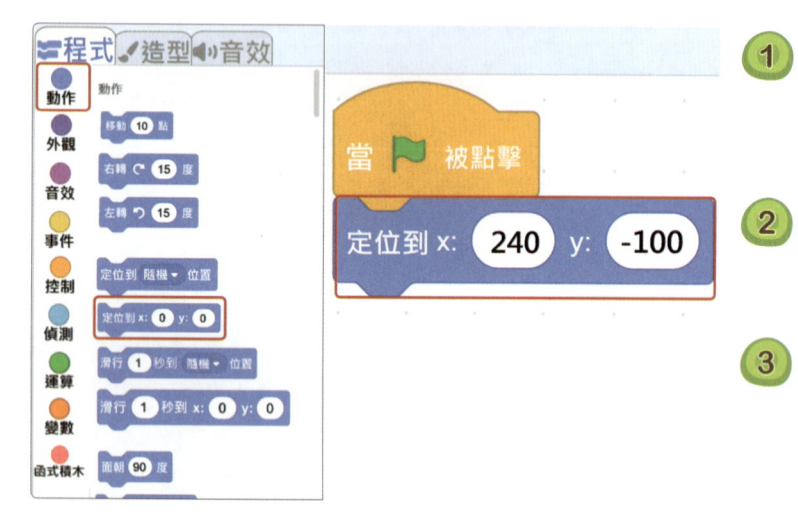

① 點選 程式，按 事件，拖曳 當 ▶ 被點擊 。

② 按 動作，拖曳 定位到 x: 0 y: 0 。

③ 在「X」輸入【240】。

④ 按 運算，拖曳  到 Y。

⑤ 輸入【50 到 180】。

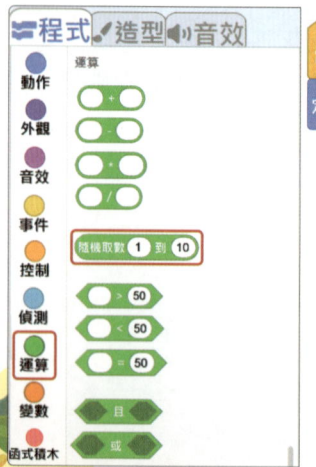

28

Chapter 2 英文打字指法練習

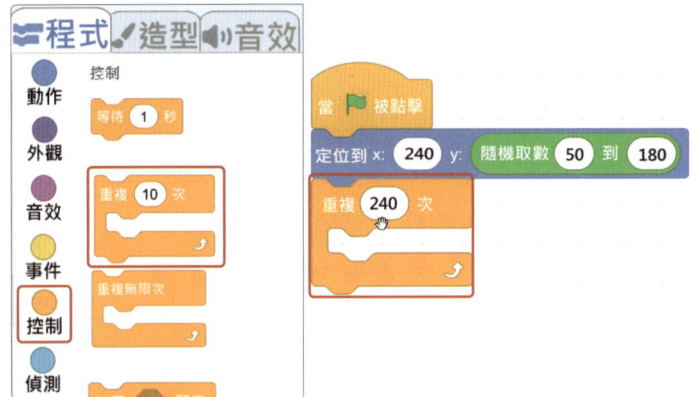

6. 按 控制，拖曳 重複10次 輸入【240】。

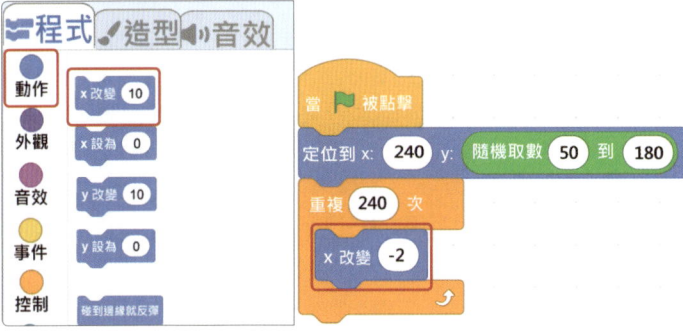

7. 按 動作，拖曳 x改變 10，輸入【-2】。

小一步
往左移 X 負數。

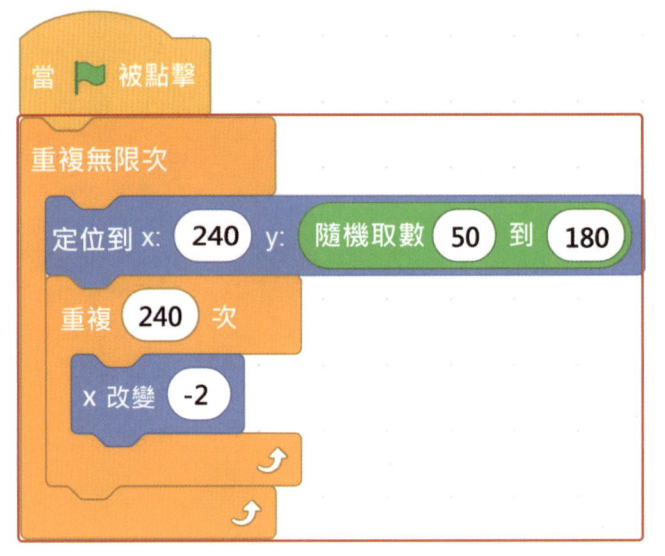

8. 拖曳 重複無限次。

9. 按 ▶，檢查字母 A 否往左移動。

小幫手
舞台寬度 480，每次移動 2，所以需要移動 240 次 (480÷2＝240)。

29

小小步

調整字母 A 速度。

慢	快	其他
重複 480 次 x 改變 -1	重複 48 次 x 改變 -10	重複次數（480）與 X 座標改變參數（1） 相乘是 480。

資訊能力

☐ 我學會了：舞台與座標。

2-3 偵測輸入英文字母

如果鍵盤輸入字母 A~Z，字母隱藏。

2-3-1 偵測輸入英文字母

偵測鍵盤輸入	
空白 ▼ 鍵被按下？ a b c d e	偵測是否從鍵盤輸入 a~z 或按下空白鍵、方向鍵等。

30

2-3-2 如果～那麼邏輯判斷

在控制的「如果～那麼」積木，如果條件為真，就執行那麼的內層積木。

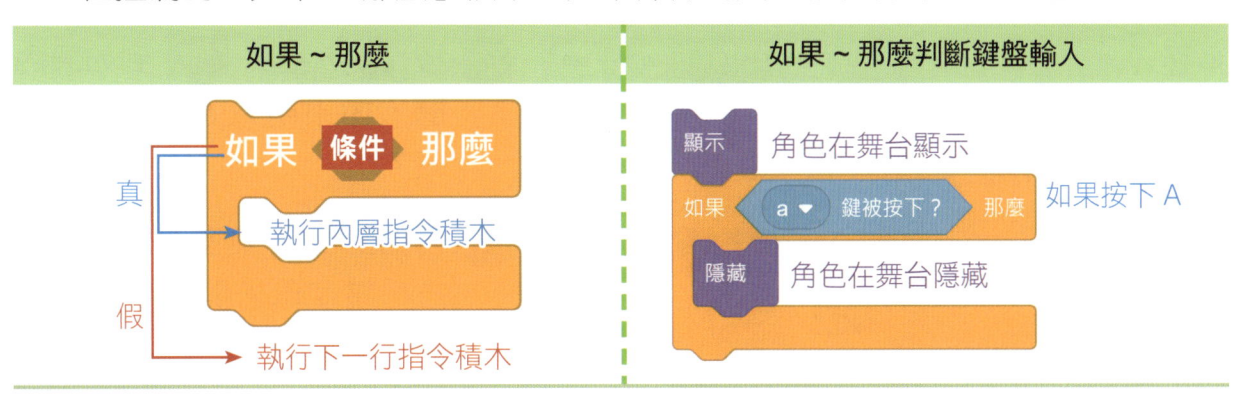

如果～那麼	如果～那麼判斷鍵盤輸入
如果 條件 那麼 真 → 執行內層指令積木 假 → 執行下一行指令積木	顯示 — 角色在舞台顯示 如果 a 鍵被按下？那麼 — 如果按下 A 隱藏 — 角色在舞台隱藏

2-3-3 如果輸入字母 A

如果輸入字母 A~Z，字母隱藏。

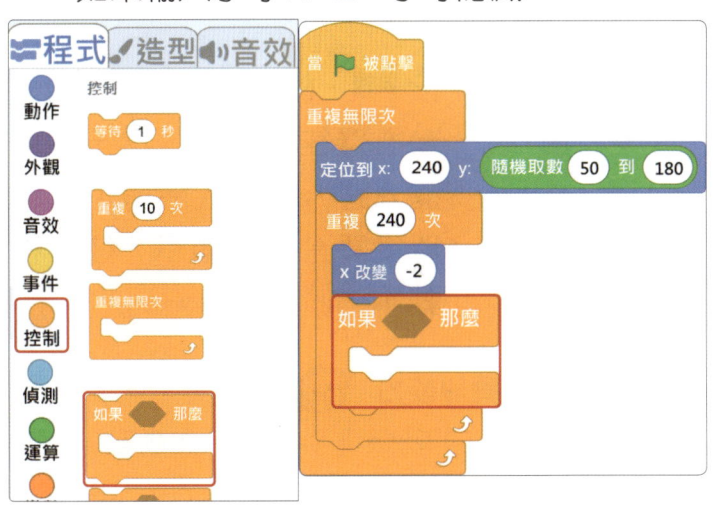

① 按 控制 拖曳 「如果 那麼」 到 「x 改變 -2」 的下方。

小小步
字母 A 從舞台最右邊移到最左邊的過程中要輸入 A，因此，如果積木要放在重複移動的下方。

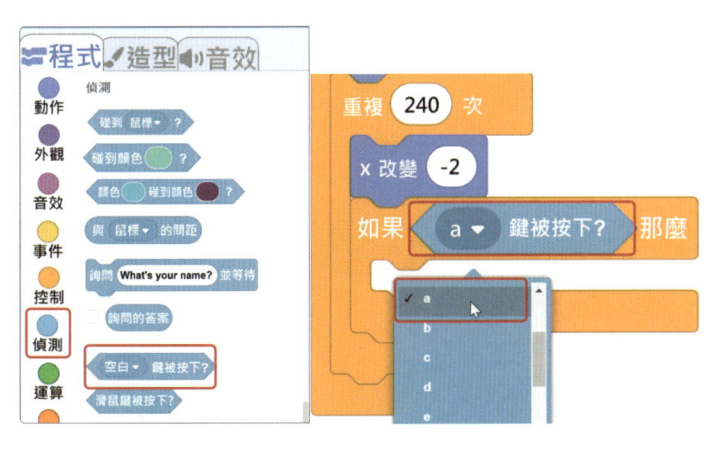

② 按 偵測 拖曳 「空白 鍵被按下？」，按 ▼ 點選【a】。

2-3-4 重複練習字母

正確輸入字母 A 隱藏之後，再重新從舞台右邊重複往左移動。

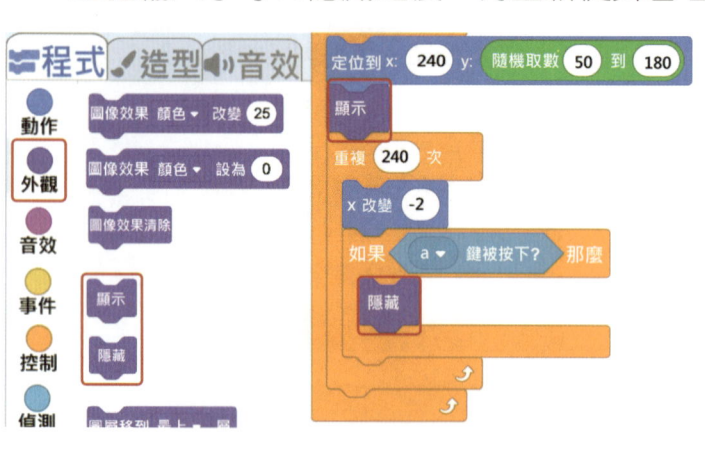

① 按 **外觀**，拖曳 **隱藏** 到如果內層，如果輸入 a，字母 A 隱藏。

② 再拖曳 **顯示** 到重複執行的上方，當字母 A 開始移動時，顯示。

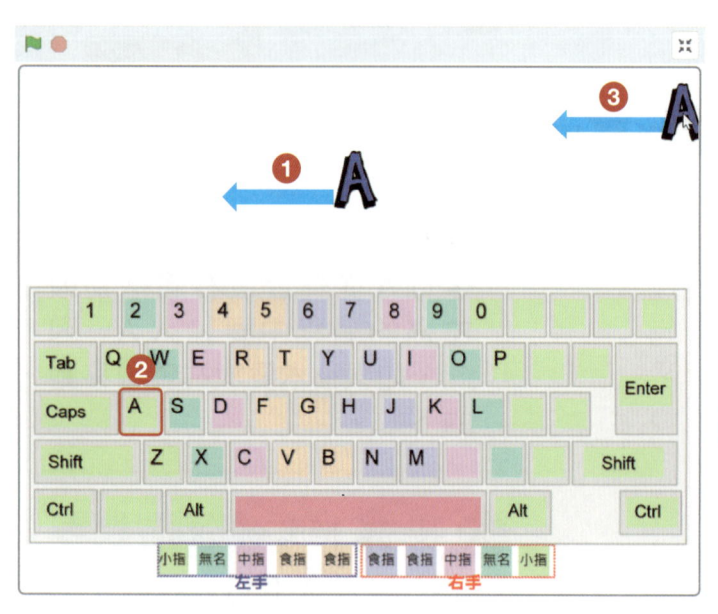

資訊能力
☐ 我學會了：邏輯判斷。

③ 按 🚩，檢查字母 A 是否從舞台右邊往左移動，當按下鍵盤 a 時，字母 A 隱藏，再重新從舞台右邊顯示，往左移動。

資訊能力
☐ 我學會了：顯示與隱藏。

2-4 複製角色與程式

將字母 A 的程式複製到字母 B~Z。

2-4-1 控制程式執行時間

控制字母 A~Z 在 1~26 秒之間，隨機顯示移動，避免 26 個字母同時顯示。

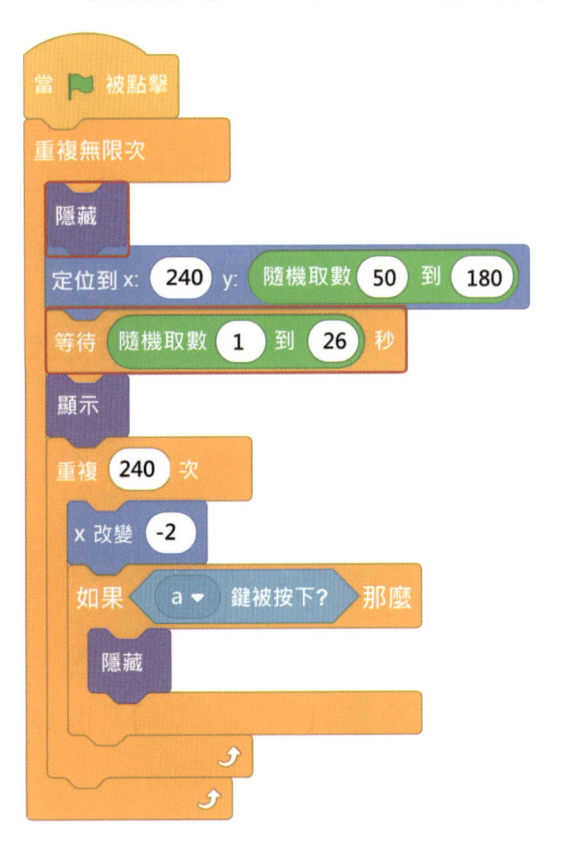

1. 按 **外觀**，拖曳 **隱藏** 到定位上方，程式開始執行角色先隱藏。

2. 按 **控制**，拖曳 **等待 1 秒** 到定位的下方，當角色移到舞台右邊時，先等待。

3. 按 **運算**，拖曳拖曳 **隨機取數 1 到 10** 輸入【26】，讓角色等待 1~26 秒之間。

資訊能力

☐ 我學會了：控制角色顯示的時間。

2-4-2 複製角色與程式

複製字母 B~Z。

① 在角色 A 按右鍵【複製】,複製另一個角色與程式。

② 點擊角色,將角色名稱更改為【A】與【B】。

③ 點擊角色【B】,按 造型,點選 【選個造型】,選擇【字母】的【B】造型。

④ 刪除 Block-a 的造型圖片。

Chapter 2 英文打字指法練習

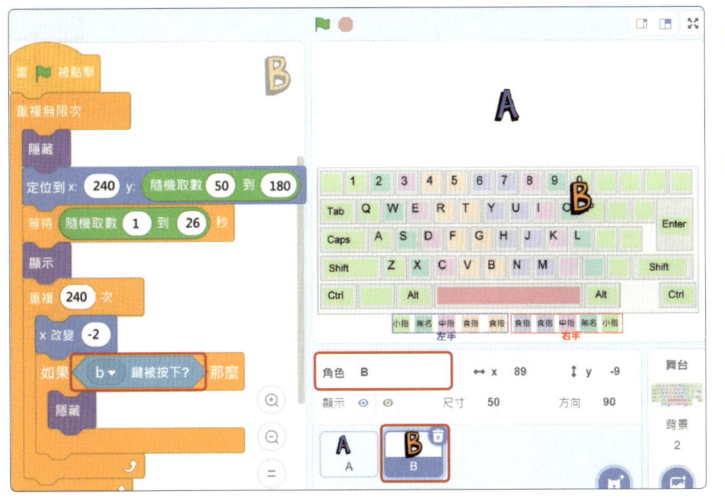

5. 點選【程式】，將 a 鍵被按下，改成【b 鍵被按下】。

6. 重複上述步驟，複製角色 C~Z，變更角色名稱、新增角色造型再變更按鍵 c~z 被按下。

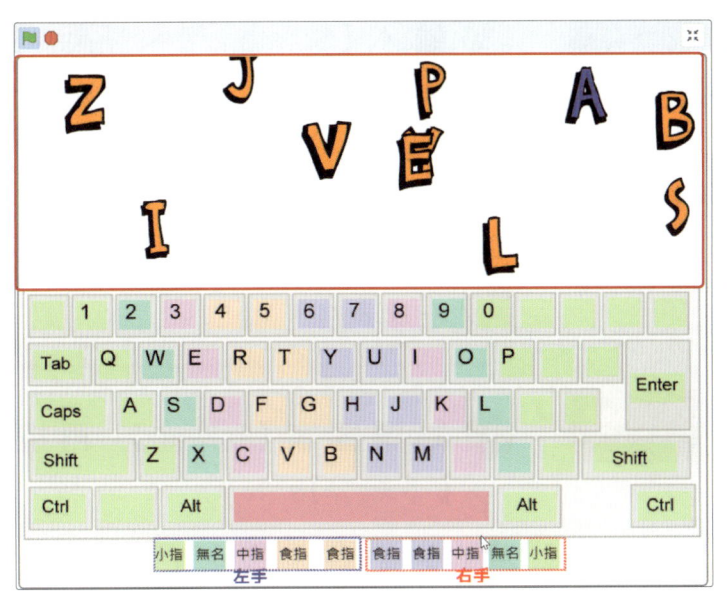

7. 按 🏁，檢查字母 A~Z 是否從舞台右邊往左移動，當正確按下 A~Z 字母時，字母隱藏，再從舞台右邊重複移動.

8. 點選【檔案 > 下載到你的電腦】，將檔案存到本機電腦。

2-5 社群分享

2-5-1 官網註冊使用者帳號

連結到 Scratch 官網，註冊使用者帳號。

Scratch 3.0 程式積木創意玩

1. 開啟瀏覽器,在網址列輸入【https://scratch.mit.edu】,按【Enter】,上網連線 Scratch 官網。

2. 按 加入 Scratch 。

3. 輸入【Scratch 用戶名稱】與【兩次相同的密碼】,再按【下一步】。

> **小叮嚀**
> 請將申請的用戶名稱與密碼填入左邊表格。

4. 點選國家【Taiwan】,再按【下一步】。

5. 點選生日的【月】與【西元年】,再按【下一步】。

> **小叮嚀**
> 西元年 = 民國出生年 +1911

6. 點選【性別】,再按【下一步】。

36

Chapter 2 英文打字指法練習

7. 輸入信箱，再按【建立你的帳戶】。

8. 註冊完成按【入門】。

9. 自動登入 Scratch 用戶名稱。

> **小小步**
> 如果要上傳 Scratch 作品到社群分享，必須到 email 驗證信箱。

> **小小步**
> 驗證 email 帳號的方法：
> 登入 email 信箱，打開 Scratch 寄的確認信，按【驗證我的帳戶】。驗證 email，才能上傳專題作品在 Scratch 社群分享。

2-5-2 社群分享 - 上傳作品至官網

連結 Scratch 官網，將專題作品上傳 Scratch 社群分享，目前 Scratch 3 離線編輯器未提供「分享到網站」的功能。

Scratch 3.0 程式積木創意玩

1. 在 Scratch 官網,點選【用戶名稱 > 我的東西】,或直接點選 【我的東西】圖示。

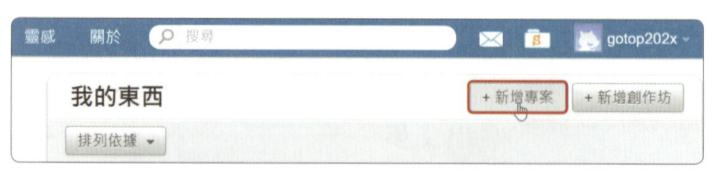

2. 點選【新增專案】。

3. 點選【檔案 > 從你的電腦挑選】,點選【本機 > 下載 > ch2 英文打字指法練習.sb3 > 開啟】,開啟檔案。

4. 按 分享 ,分享到社群。

小小步

1. 在「操作說明」輸入專題的操作方式或遊戲說明。
2. 在「備註與謝誌」輸入【引用他人的資訊】。
3. 點選 複製連結 將自己的作品與好友分享。

Chapter 2 英文打字指法練習

資訊能力

☐ 我學會了：社群分享。

2-6 將 Scratch 檔案轉換成 html 網頁

Scratch 設計的專題副檔名為 .sb3，程式執行時，電腦必須安裝 Scratch 連線或離線編輯器才能執行。若將 Scratch.sb3 的檔案轉換成 html 網頁檔案，則程式可以在網頁執行 (例如：Google Chrome)，不須要安裝 Scratch。

① 輸入網址：【https://sheeptester.github.io/htmlifier/】或利用關鍵字【convert scratch to HTML】(轉換 Scratch 到 html) 搜尋 Scratch 論壇。

② 點選【選擇檔案】，選擇【ch2 英文打字指法練習 .sb3】，再按【開啟】。

39

③ 勾選【設定變數與清單的顏色】，如未勾選，轉換成 html 之後的變數是半透明黑色，而不是原來的橘色。

④ 點擊上方或下方的【HTMLify】開始轉檔，並選擇 html 檔案的儲存路徑。

⑤ 轉檔完成，資料夾多了【ch2 英文打字指法練習 .html】檔案，雙擊檔案，不須要安裝 Scratch，就可以執行程式。

課後練習

一、選擇題

1. （　　）下列何者「不可以」移動角色？
    （A）`y 改變 -10`
    （B）`x 改變 10`
    （C）`面朝 90 度`
    （D）`移動 10 點`

2. （　　）下列關於舞台座標敘述何者「正確」？
    （A）X 軸寬度範圍在 -240 ～ 240 之間
    （B）Y 軸高度範圍在 -180 ～ 180 之間
    （C）正中心點的座標為 `x: 0 y: 0`
    （D）以上皆是

3. （　　）下列關於鍵盤上、下、左、右移動的敘述何者「錯誤」？
    （A）`y 改變 10` 往上移動
    （B）`y 改變 -10` 往下移動
    （C）`x 改變 10` 往右移動
    （D）`x 改變 -10` 往右移動

4. （　　）右圖程式敘述何者正確？
    （A）角色每次往右移動 2 點
    （B）角色在重複執行 240 次之間按下鍵盤按鈕 a 才會隱藏
    （C）角色先顯示再定位
    （D）角色會定位在舞台下方 50～180 之間

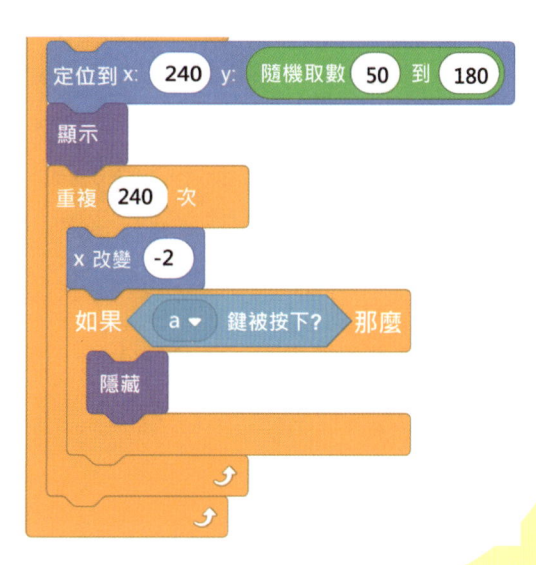

課後練習

5.（　　）右圖積木，角色何時會隱藏？

（A）程式停止執行時
（B）按下鍵盤按鈕 a 時
（C）沒按下鍵盤按鈕 a 之前
（D）點擊綠旗時。

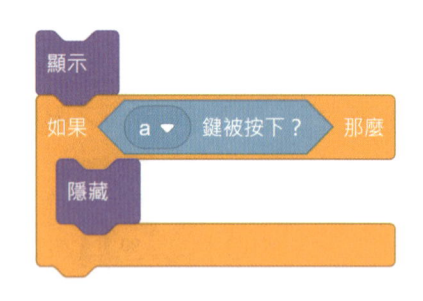

二、動動腦

1. 請調整字母 A~Z 的移動速度，讓速度更快。

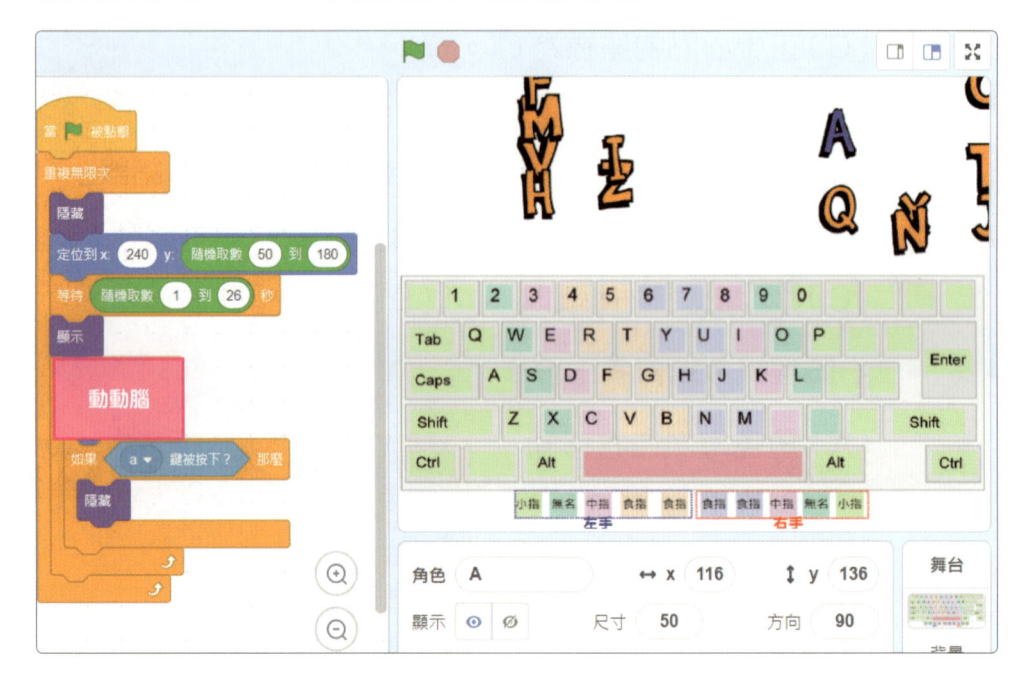

足球攻守PK賽

學習要點

1. 設計角色動畫
2. 使用鍵盤及滑鼠控制角色
3. 踢足球與重新發球
4. 說目前時間與用戶名稱

課前操作

本章將設計足球攻守 PK 賽程式。遊戲開始時，進攻者問候使用者、再說目前時間。當鍵盤按上、下、左、右鍵時，進攻者發球。守門員則是跟著滑鼠游標上下移動守球。當守門員碰到球時，球回到原點重新發球。

請開啟範例檔【ch3 足球攻守 PK 賽.sb3】，點擊 🏁，再按上、下、左、右方向鍵，動手操作【足球攻守 PK 賽】程式，並觀察下列動作：

1. 上、下、左、右移動
2. 跟著滑鼠游標上下移動
3. 碰到進攻者，發球
4. 碰到守門員，重新發球

Scratch 3.0 程式積木創意玩

腳本流程規劃

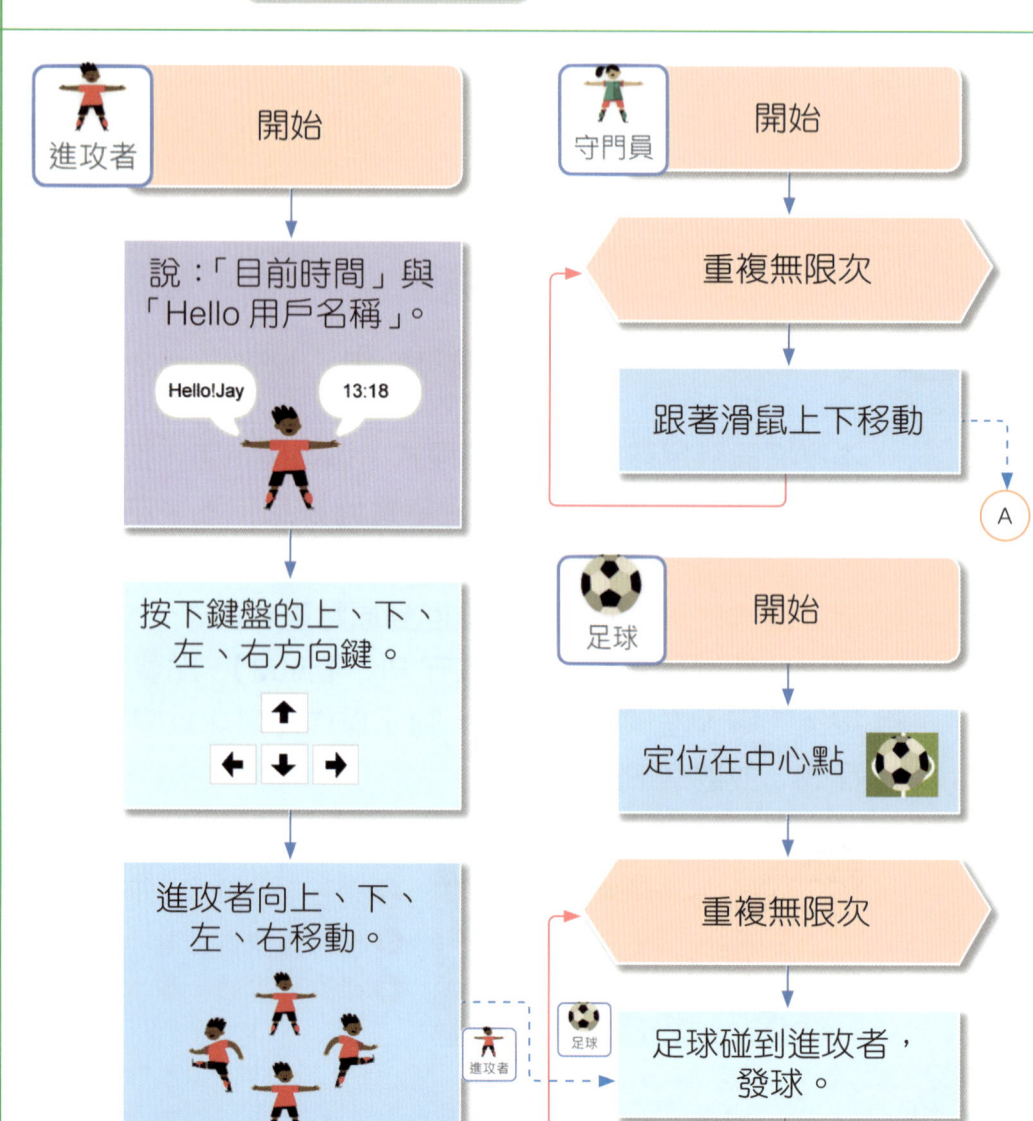

舞台	Soccer 2 (足球場)
角色 與 流程規劃	**進攻者** → 開始 → 說：「目前時間」與「Hello 用戶名稱」。(Hello!Jay 13:18) → 按下鍵盤的上、下、左、右方向鍵。(↑ ← ↓ →) → 進攻者向上、下、左、右移動。 **守門員** → 開始 → 重複無限次 → 跟著滑鼠上下移動 → (A) **足球** → 開始 → 定位在中心點 → 重複無限次 → 足球碰到進攻者，發球。

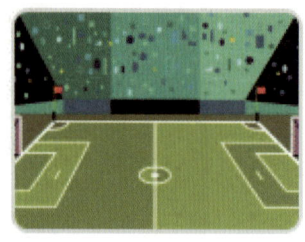

44

Chapter 3 足球攻守 PK 賽

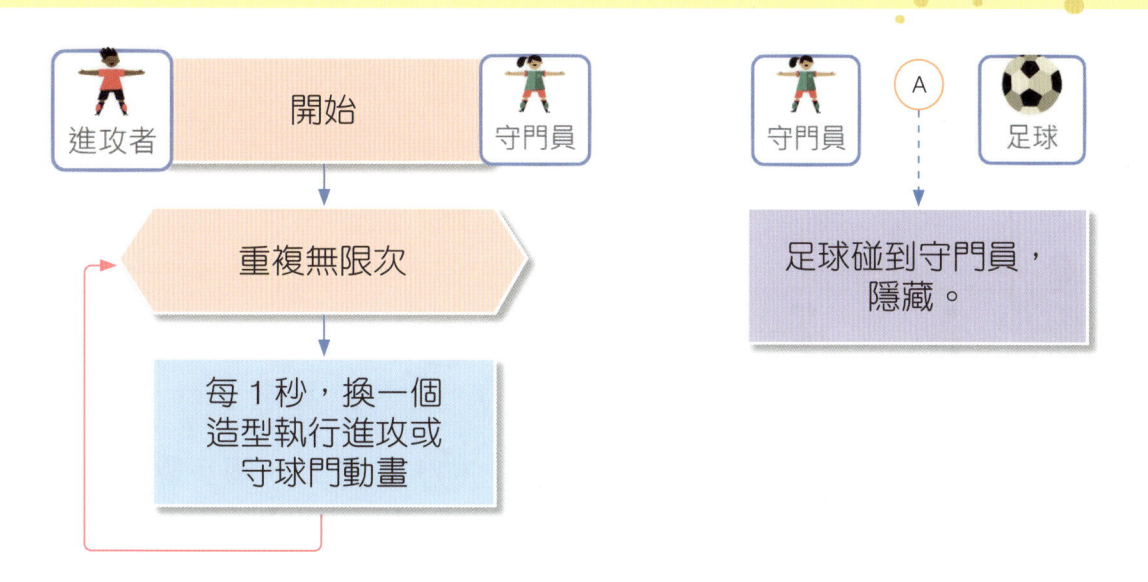

```
[進攻者] → 開始 ← [守門員]
       ↓
   重複無限次
       ↓
   每 1 秒，換一個
   造型執行進攻或
   守球門動畫
```

```
[守門員]   A   [足球]
        
   足球碰到守門員，
   隱藏。
```

我的創意規劃

請將您的創意想法填入下表中。

創意想法	守門員	進攻者
1. 守門員與進攻者可以說些什麼呢？		
2. 如何控制守門員與進攻者移動呢？		
3. 當足球碰到守門員或進攻者會有什麼劇情發展呢？	例如：足球碰到守門員	例如：足球碰到進攻者

3-1 角色動畫

守門員及進攻者執行踢足球動畫。

3-1-1 新增角色與背景

新增守門員、進攻者角色與足球場背景。

Scratch 3.0 程式積木創意玩

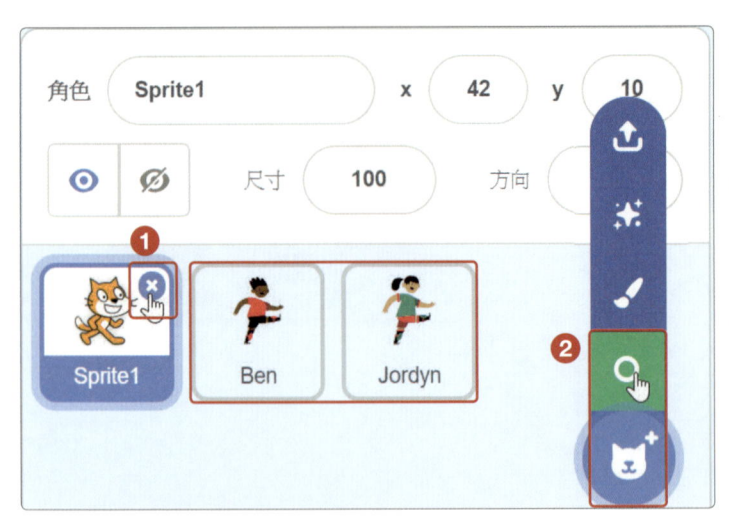

1. 開啟 Scratch 3，按【檔案 > 新建專案】。

2. 點選【Sprite1(角色1)】的 ❌ 刪除角色。

3. 在角色按 😺 或 🔍【選個角色】，點選【Ben】。

4. 重複上一個步驟，新增角色【Jordyn】。

5. 將「Ben」改名【進攻者】，尺寸【80】。

6. 將「Jordyn」改名【守門員】，尺寸【80】。

7. 在舞台按 🖼 或 🔍【選個背景】，點選【Soccer 2 (足球場)】。

3-1-2 角色動畫

守門員及進攻者踢足球動畫。

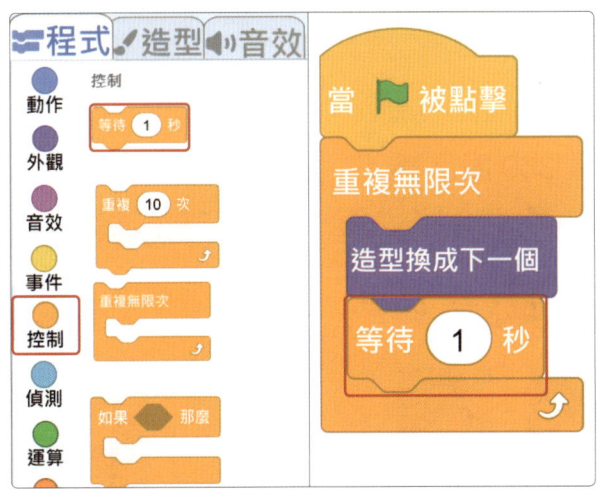

① 點選【進攻者】，按 程式，拖曳 當 ▶ 被點擊、重複無限次。

② 按 外觀，拖曳 造型換成下一個。

③ 按 控制，拖曳 等待 1 秒。

④ 按住積木，拖曳到【守門員】，複製相同積木。

⑤ 按 ▶，進攻者與守門員做踢足球動畫。

3-2 角色面朝與迴轉方向

守門員面朝左及進攻者面朝右。

角色迴轉方式

Scratch 3 預設角色迴轉方式為不設限 360 度旋轉。

360 度旋轉	左右旋轉	固定不旋轉
迴轉方式設為 不設限 ▼	迴轉方式設為 左-右 ▼	迴轉方式設為 不旋轉 ▼
角色可倒立 360 度旋轉	角色僅左右翻轉	角色永遠固定面向右

面朝上下左右

Scratch 3 預設角色面朝右，如果角色預設 360 度旋轉，面朝左時角色會倒立。

面朝右	面朝左	面朝上	面朝下
面朝 90 度	面朝 -90 度	面朝 0 度	面朝 180 度

做中學　　　　　　　　😊 請同學自己練習做做看！

左圖角色預設面朝右、迴轉方式不設限，下圖積木讓角色如何變化，請填入角色正確姿勢代碼。

❶ _____　❷ _____

迴轉方式設為 不設限 ▼　　迴轉方式設為 不旋轉 ▼
面朝 -90 度　　　　　　　面朝 -90 度

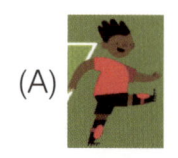

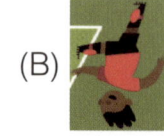

(A)　　(B)　　(C)

Chapter 3 足球攻守 PK 賽

① 按【進攻者】，點選 動作，拖曳 面朝 90 度 。

② 點選【守門員】，拖曳 面朝 90 度 。

③ 輸入【-90】。

④ 按 🏁，守門員倒立。

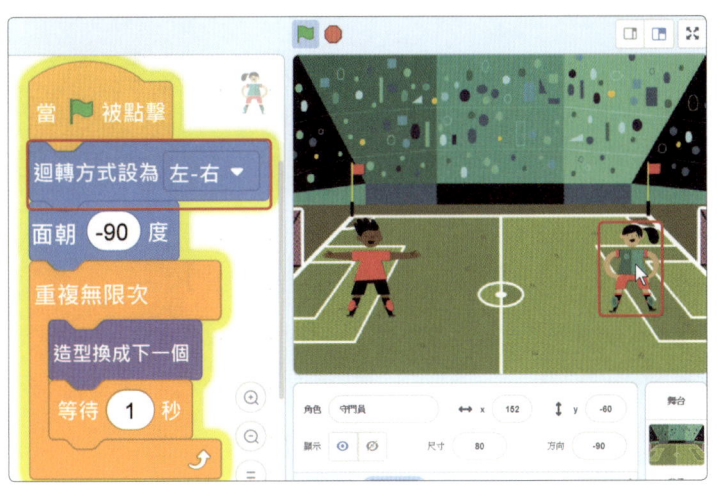

⑤ 拖曳 迴轉方式設為 左-右▼ 。

⑥ 按 🏁，「守門員」面朝左。

3-3 鍵盤控制角色移動

當按下鍵盤的 ↑、↓、←、→ 鍵時,「進攻者」往上、下、左、右移動。

鍵盤控制角色移動的方法:

`當 空白 鍵被按下` **按下空白鍵**

當按下「向上、向下、向左、向右鍵」。

向上	向下	向左	向右
當 向上 鍵被按下	當 向下 鍵被按下	當 向左 鍵被按下	當 向右 鍵被按下

偵測鍵盤是否按下

偵測鍵盤是否按下按鍵	
`空白 鍵被按下?` ✓空白 / 向上 / 向下 / 向右	偵測鍵盤是否輸入 0～9、A～Z、上、下、左、右方向鍵或空白鍵。

① 按【進攻者】,拖曳 `當 ▶ 被點擊`。

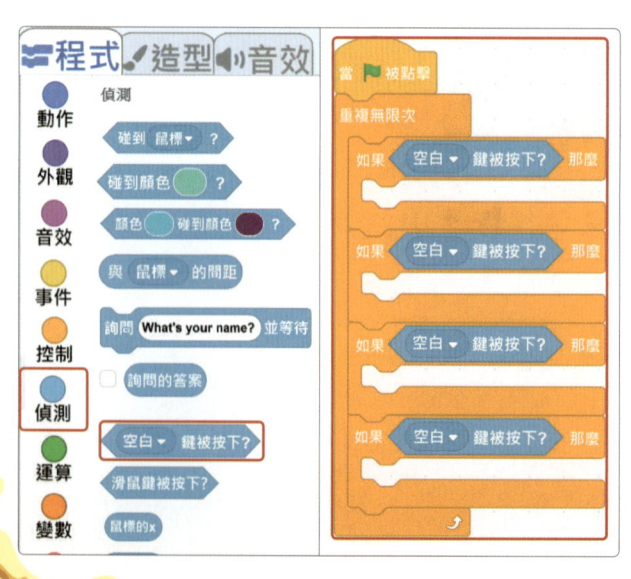

② 拖曳 4 個 `如果 ◆ 那麼`。

③ 按 偵測,拖曳 4 個 `空白 鍵被按下?`。

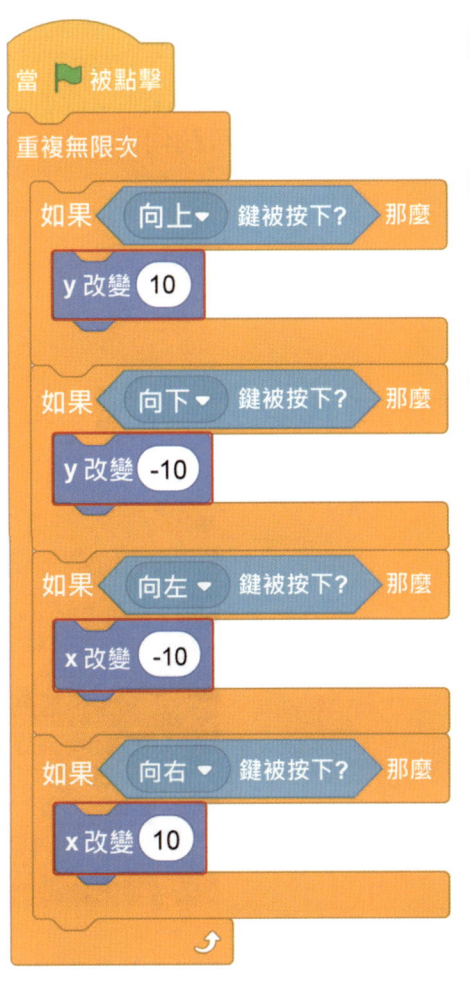

④ 按▼，分別點選【向上】、【向下】、【向左】、【向右】。

⑤ 點選 動作，拖曳 2 個 y改變 10 到向上與向下鍵，將向下鍵改【-10】。

⑥ 拖曳 2 個 x改變 10 到向左與向右鍵，將向左鍵改【-10】。

```
當 🏁 被點擊
重複無限次
    如果 <向上▼ 鍵被按下?> 那麼
        y 改變 10
    
    如果 <向下▼ 鍵被按下?> 那麼
        y 改變 -10
    
    如果 <向左▼ 鍵被按下?> 那麼
        x 改變 -10
    
    如果 <向右▼ 鍵被按下?> 那麼
        x 改變 10
```

3-4 滑鼠控制角色移動

守門員跟著滑鼠游標上下移動。

偵測滑鼠游標	
偵測滑鼠的 X 座標	偵測滑鼠的 Y 座標
鼠標的x	鼠標的y
固定角色 X 座標（左右）	固定角色的 Y 座標（上下）
x 設為 0	y 設為 0

Scratch 3.0 程式積木創意玩

做中學　　　　　　　　　　　😊 請同學自己練習做做看！

下列 3 與 4 的積木，角色跟著滑鼠游標移動的方向為何？

3 重複無限次
　　x 設為 滑鼠的x

4 重複無限次
　　y 設為 滑鼠的y

① 點選【守門員】，移到球門前，拖曳 `定位到 x: 180 y: -50`，到 `當 ▶ 被點擊` 下方，固定守門員的位置。

② 拖曳 `當 ▶ 被點擊`、`重複無限次`。

③ 拖曳 `y 設為 0`。

④ 按 `偵測`，拖曳 `滑鼠的y` 到「0」。

⑤ 按 ▶，檢查守門員是否跟著滑鼠上下移動。

資訊能力
☐ 我學會了：角色跟著滑鼠移動。

52

3-5 從固定位置移到隨機位置

足球從固定位置移到舞台右邊隨機位置。當守門員碰到足球，足球隱藏。足球隱藏後，在原點重新顯示發球。

❶ 發球

舞台最上方 y=180

舞台最右邊 x=240

舞台最下方 y=-180

❷ 碰到守門員隱藏

❸ 在原點重新顯示發球

Scratch 3.0 程式積木創意玩

🍀 3-5-1 新增足球角色

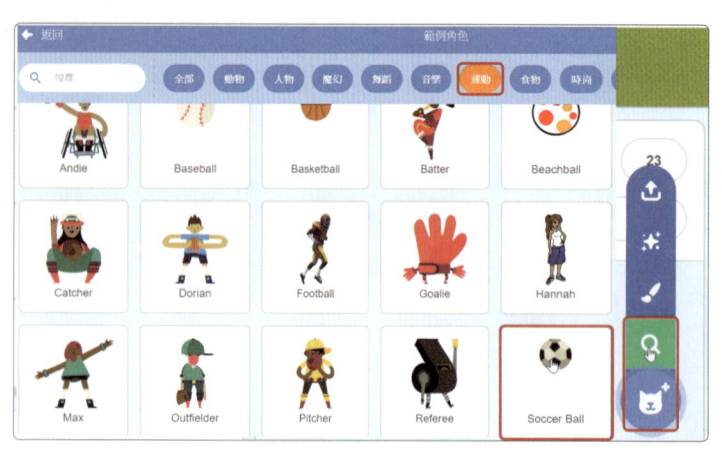

1. 在角色按 🐱 或 🔍【選個角色】。
2. 點選【運動 > Soccer Ball > 確定】。

🍀 3-5-2 從固定位置移到隨機位置

足球從固定位置移到舞台右邊隨機位置。

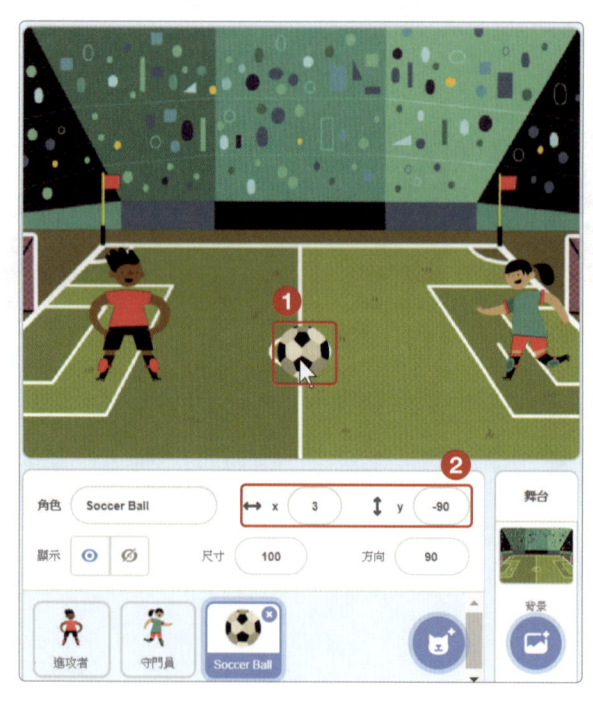

1. 定位足球在舞台的位置。
2. 拖曳 `當 ▶ 被點擊` 與 `定位到 x: 3 y: -90`。

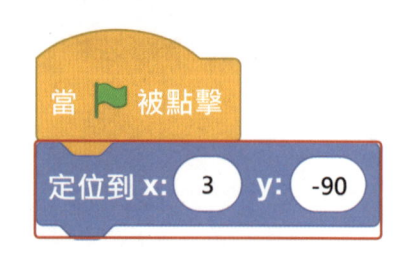

```
當 ▶ 被點擊
定位到 x: 3  y: -90
```

> 🌰 **小幫手**
> 設定足球起始位置 (3, -90)。

Chapter 3 足球攻守 PK 賽

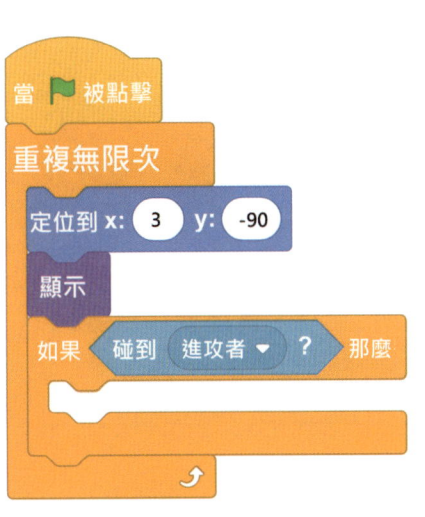

③ 按 控制，拖曳 `重複無限次`，在最外層。

④ 按 外觀，拖曳 `顯示`。

⑤ 拖曳 `如果 那麼`。

⑥ 按 偵測，拖曳 `碰到 鼠標?` 到「如果」的 <條件> 位置。

⑦ 點選【進攻者】。

小幫手
★ 足球等待碰到進攻者才發球。
★ `重複無限次` 放最外層，重複偵測是否碰到進攻者、再發球。

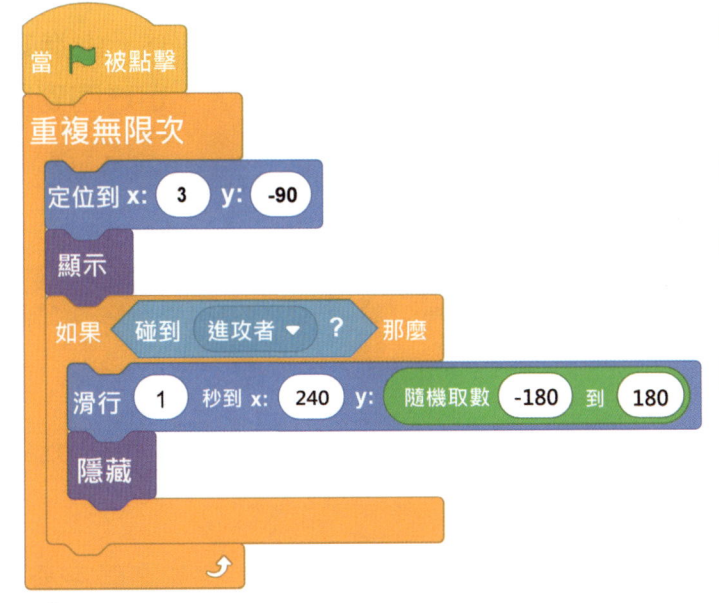

⑧ 按 動作，拖曳 `滑行 1 秒到 x: 0 y: 0`。

⑨ X 輸入【240】。

⑩ 拖曳 `隨機取數 1 到 10` 到 Y，輸入【-180 到 180】。

⑪ 按 外觀，拖曳 `隱藏`。

小幫手
★ 足球往右 (X=240) 飛，高度界於 (-180 與 180) 之間。
★ 滑行「1」秒，時間愈長速度愈慢，滑行「0.5~0.9」秒，球速變快。

3-5-3 偵測碰到角色

當守門員碰到足球，足球隱藏。足球隱藏後，回到原點重新發球。

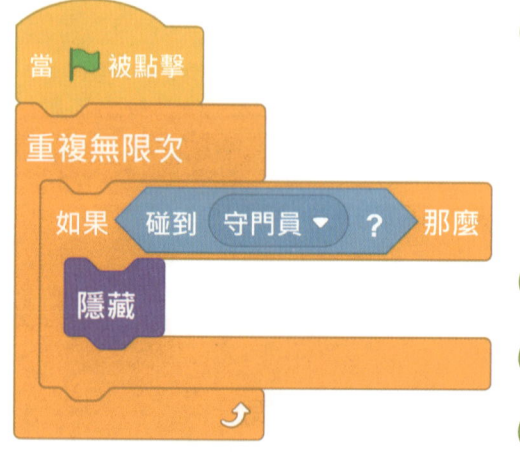

偵測碰到角色

碰到 鼠標▼ ?　　✓鼠標／邊緣／守門員	偵測是否碰到滑鼠游標、角色或舞台邊緣，傳回值 (1)true: 碰到；(2)false: 未碰到

① 點選【Soccer ball】，拖曳 `當 ▶ 被點擊`。

② 按 偵測，拖曳 `碰到 鼠標▼ ?`，點【守門員】。

③ 按 外觀，拖曳 `隱藏`。

④ 按 ▶，再按鍵盤 ↑、↓、←、→，由進攻者發球、當守門員碰到球之後，足球回到原點重新發球。

3-6 說用戶名稱

說：「Hello 用戶名稱」。

偵測用戶名稱	字串組合
`用戶名稱` 連線 Scratch 官網，登入 Scratch 用戶名稱時，傳回目前正在檢視專題的用戶名稱。	`字串組合 apple banana` 將第 1 個字蘋果（apple）與第 2 個字香蕉（banana）字串合併，組合成「apple banana」。

Chapter 3 足球攻守 PK 賽

① 點選【進攻者】，移到起點位置。

② 拖曳 `定位到 x: -100 y: -50` 到 `當 ▶ 被點擊` 下方，定位進攻者位置。

③ 按 【外觀】，拖曳 `說出 Hello! 持續 2 秒`。

④ 按 【運算】，拖曳 `字串組合 apple banana`，在「apple」輸入【Hello!】或【你好！】。

⑤ 按 【偵測】，拖曳 `用戶名稱`。

⑥ 按 ▶，檢查進攻員是否說出：「Hello!」。

小幫手

★ 用戶名稱需要連線到 Scratch 官網，登入用戶名稱才會顯示，目前僅說「Hello!」。

★ 進攻者就定位、面朝右之後才說出：「Hello!」，積木放在面朝的下方。

57

3-7 組合偵測時間或日期

進攻者 說出：「現在時間」、「小時:分鐘」各 2 秒。

偵測目前時間或日期

傳回目前電腦時間的年、月、日、週、時、分、秒。

組合多個字串

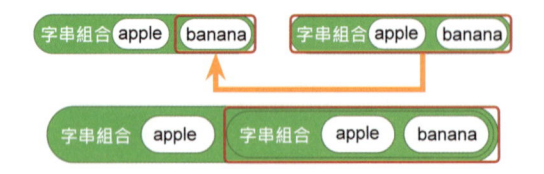

多個積木可以由上往下堆疊，例如：將 2 個字串堆疊合併組合成「apple apple banana」。

做中學　　　　請同學自己練習做做看！

請堆疊下列 5 與 6 的積木，按 1 下積木，字串組合後結果為何？

❺ 字串組合 apple banana

❻ 字串組合 年 字串組合 月 日

58

Chapter 3 足球攻守 PK 賽

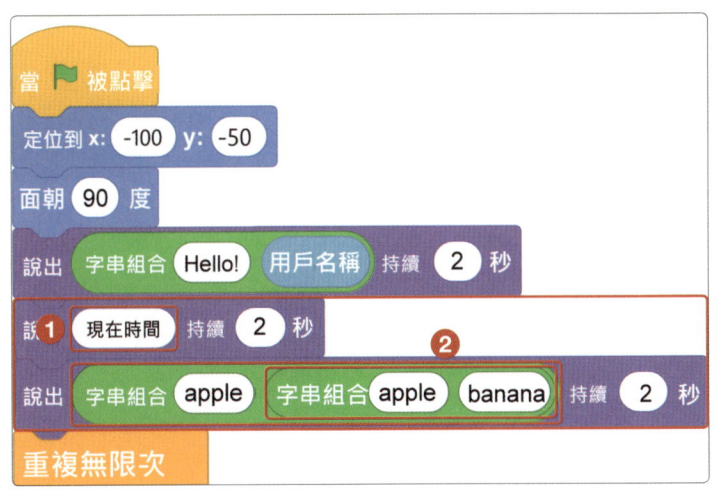

1. 按 **外觀**，拖曳 2 個 `說出 Hello! 持續 2 秒`，第 1 個「Hello!」輸入【現在時間】。

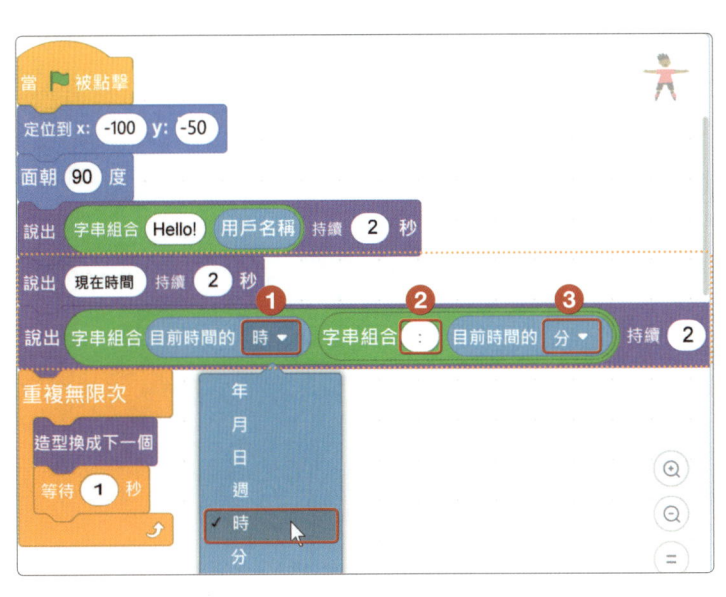

2. 按 **運算**，拖曳 2 個 `字串組合 apple banana`，將第 2 個積木堆疊在「banana」位置。

3. 按 **偵測**，拖曳 2 個 `目前時間的 年▼`。

4. 分別點選【時】、輸入【:】、再點選【分】。

5. 按 ▶，檢查進攻員是否說出:「Hello!」、「現在時間」、「02:23(電腦的時間)」。

小步

角色會説電腦螢幕右下方的年/月/日及時間 `下午 02:24 2019/1/16`。

課後練習

一、選擇題

1. (　)「組合字串」要拖曳哪一個指令積木？
   - (A) 字串 apple 的第 1 字
   - (B) 字串組合 apple banana
   - (C) 字串 apple 的長度
   - (D) 隨機取數 1 到 10

2. (　)下列敘述何者「錯誤」？
   - (A) 面朝 90 度　設定角色面朝右
   - (B) 造型換成下一個　切換角色造型
   - (C) 迴轉方式設為 不設限　設定角色 360 度旋轉
   - (D) 重複無限次 y 設為 鼠標的y　設定角色跟著滑鼠游標左右移動

3. (　)下列哪一個積木「不屬於偵測」功能？
   - (A) 顯示
   - (B) 碰到 鼠標 ？
   - (C) 用戶名稱
   - (D) 空白 鍵被按下?

4. (　)下列哪一個指令積木可以「偵測鍵盤輸入」？
   - (A) 碰到 鼠標 ？
   - (B) 鼠標的x
   - (C) 空白 鍵被按下?
   - (D) 目前時間的 年

5. (　)下列哪一個積木可以偵測目前電腦的「時間或日期」？
   - (A) 目前時間的 年
   - (B) 計時器重置
   - (C) 用戶名稱
   - (D) 聲音響度

二、動動腦

1. 利用 目前時間的 年 ，新增守門員說出 4 句：「今天是」、「(目前時間的年) 年」、「(目前時間的月) 月」、「(目前時間的日) 日」各 2 秒，例如：說：「今天是」、「2020 年」、「12 月」、「9 日」。

AI 能力大躍進

美國麻省理工學院媒體實驗室 (MIT Media Lab) 與亞馬遜未來工程師 (Amazon Future Engineer) 為推廣 AI 教育，在 Scratch 3 的擴展功能中新增 AI 互動性積木。首先連接「視訊鏡頭」，新增下列網址的 AI 積木，以視訊鏡頭偵測手指部位，利用拇指控制進者攻移動。

AI 視訊偵測	進攻者隨著 AI 偵測部位移動
Hand Sensing 手指偵測	`go to thumb tip` 將進攻者定位到拇指 (thumb) 指尖 (tip) 的位置，隨著拇指移動。

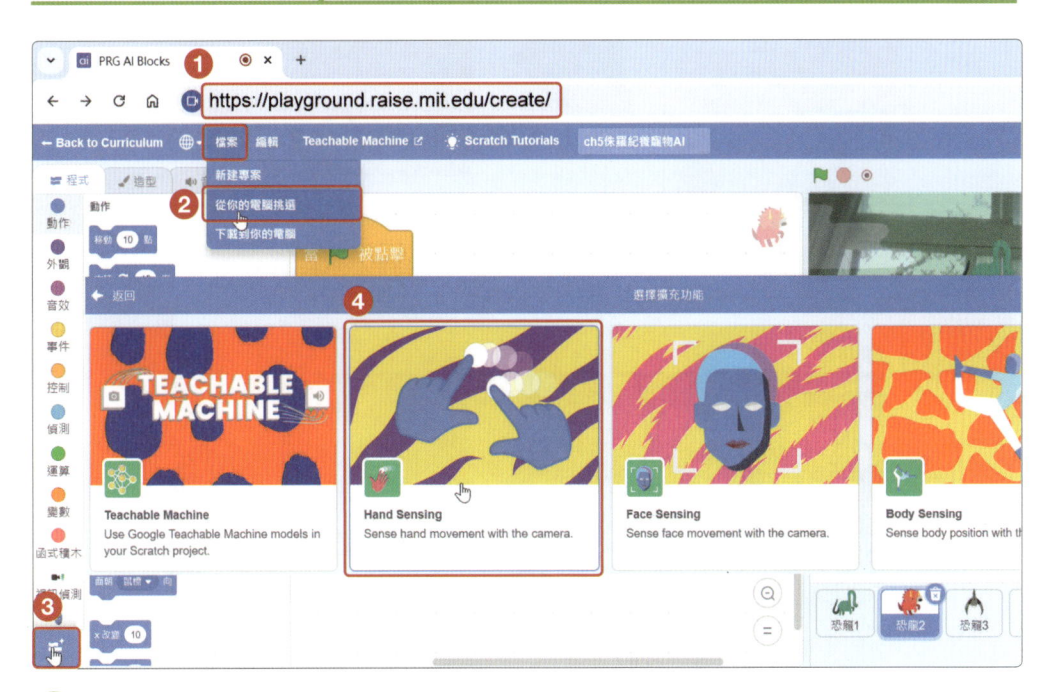

① 開啟瀏覽器，輸入網址【https://playground.raise.mit.edu/create/】。

② 點擊【檔案】的【從你的電腦挑選】，點選【ch3 足球攻守 PK】，再按【開啟】。

③ 點擊【添加擴展】。

④ 再點選【Hand Sensing】(手指偵測)。

61

AI 能力大躍進

5. 點擊【進攻者】，將「鍵盤方向鍵控制進攻者移動方向」的程式，更改為「以拇指控制進攻者移動」。開啟視訊鏡頭，再將五個手指放在視訊鏡頭前，移動拇指，進攻者跟著移動。

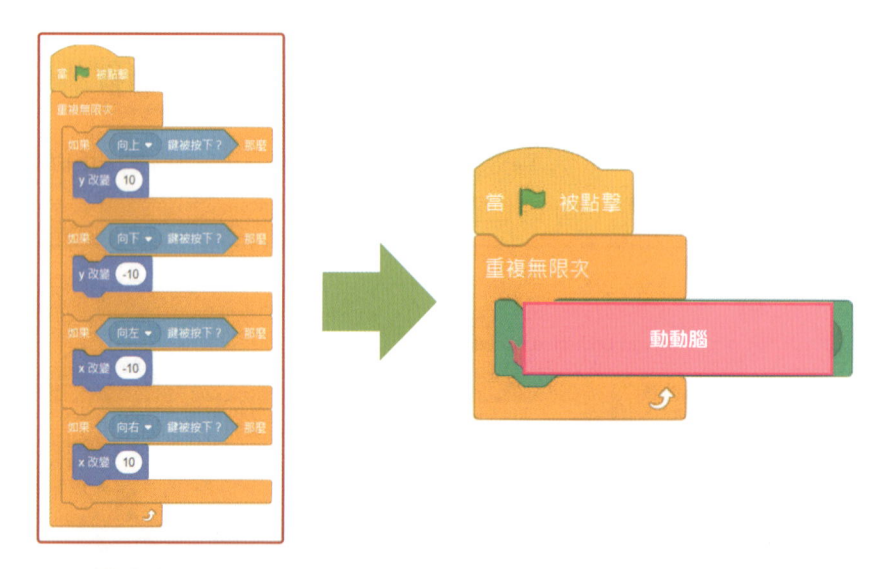

學習要點

拳王大PK

① 認識變數
② 運算與變數
③ 設計滑鼠特效
④ 隨機選造型
⑤ 邏輯判斷贏家

課前操作

本章將設計拳王大 PK 程式。程式開始時，點擊「開始」廣播「開始」訊息。當玩家與電腦接收到開始訊息時，在 1~3 之間隨機選一個數，再設定 1 剪刀、2 石頭、3 布造型。最後由電腦判斷是「玩家贏」、「電腦贏」或「平手」。

請開啟範例檔【ch4 拳王大 PK.sb3】，點擊 🚩，再點擊開始，動手操作【拳王大 PK】程式，並觀察下列動作：

❶ 點一下廣播開始
❷ 收到開始訊息時，在 1~3 之間隨機選一個數
❸ 說結果

Scratch 3.0 程式積木創意玩

腳本流程規劃

舞台	Theater(劇場)
角色與流程規劃	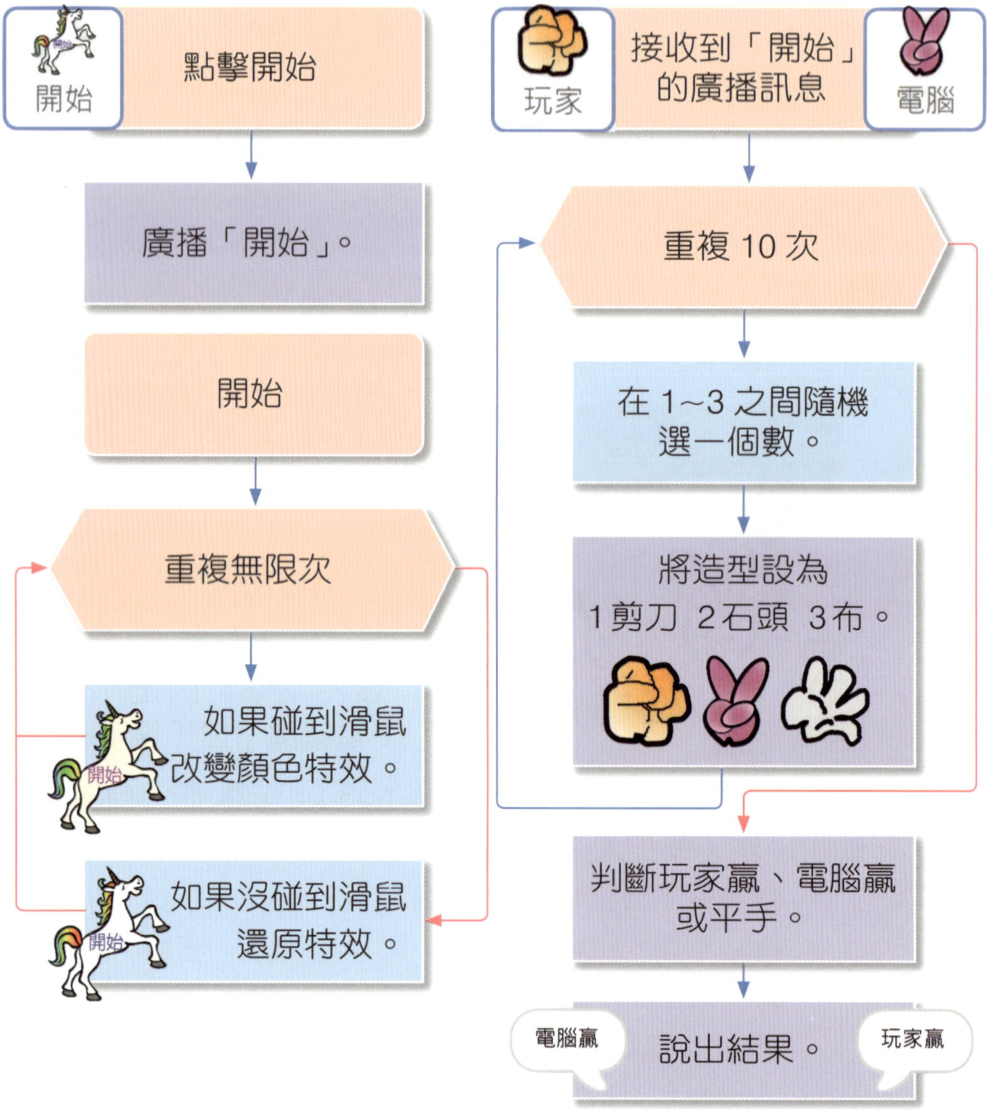 **開始**：點擊開始 → 廣播「開始」。→ 開始 → 重複無限次 →（如果碰到滑鼠 改變顏色特效。／如果沒碰到滑鼠 還原特效。） **玩家／電腦**：接收到「開始」的廣播訊息 → 重複 10 次 → 在 1～3 之間隨機選一個數。→ 將造型設為 1剪刀 2石頭 3布。→ 判斷玩家贏、電腦贏或平手。→ 說出結果。（電腦贏／玩家贏）

Chapter 4 拳王大PK

我的創意規劃

請將您的創意想法填入下表中。

創意想法	開始	
1. 開始角色的特效可以如何變化呢？	例如：碰到滑鼠	例如：未碰到滑鼠

創意想法	電腦	玩家
2. 如何控制電腦與玩家出拳呢？	• 按 _____ 出拳：剪刀 • 按 _____ 出拳：石頭 • 按 _____ 出拳：布 • 其他方法：	• 按 _____ 出拳：剪刀 • 按 _____ 出拳：石頭 • 按 _____ 出拳：布 • 其他方法：
3. 除了讓電腦說出結果之外，可以如何說出結果呢？		

4. 如果讓玩家說出結果，應該如何判斷呢？請將判斷結果寫入課本 73 頁。

4-1 如果否則與碰到滑鼠游標

當滑鼠游標碰到「開始」角色，改變角色的顏色，滑鼠游標未碰到「開始」角色，清除所有圖像效果。

Scratch 3.0 程式積木創意玩

4-1-1 圖像效果

角色的圖像效果有七種，在設計圖像效果「改變」時，積木 `圖像效果 顏色 設為 0` 或 `圖像效果清除` 能夠清除所有的圖像效果。

顏色 	魚眼 	漩渦 	像素化 	馬賽克 	亮度 	幻影 

4-1-2 如果～那麼～否則

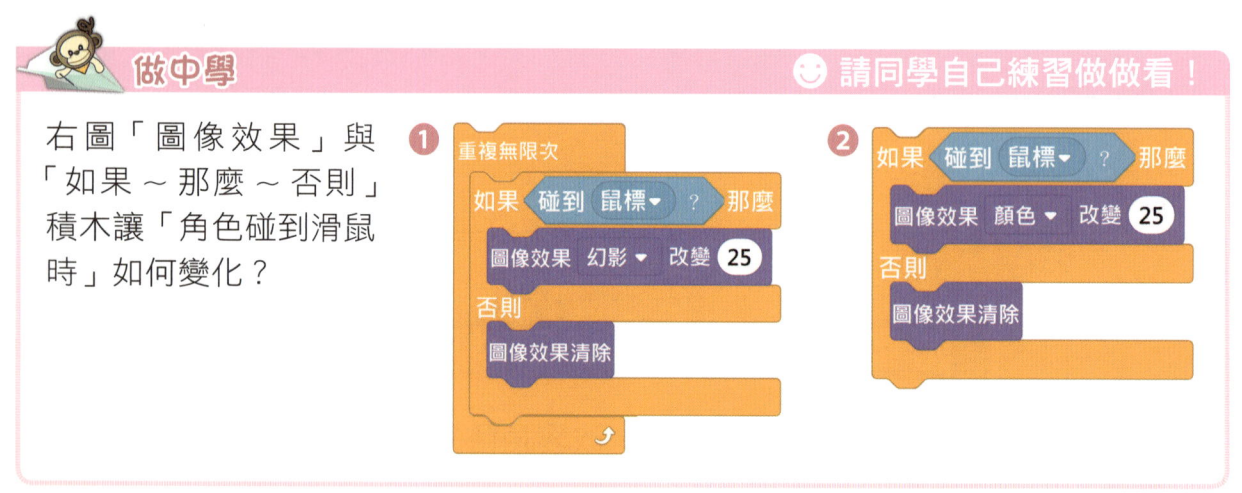

如果～那麼～否則	如果～那麼～否則
條件 真→執行那麼內層積木 假→執行否則內層積木	如果碰到滑鼠游標 改變顏色特效 否則（沒碰到滑鼠） 還原顏色

做中學　　請同學自己練習做做看！

右圖「圖像效果」與「如果～那麼～否則」積木讓「角色碰到滑鼠時」如何變化？

❶ 重複無限次 / 如果 碰到 鼠標？ 那麼 / 圖像效果 幻影 改變 25 / 否則 / 圖像效果清除

❷ 如果 碰到 鼠標？ 那麼 / 圖像效果 顏色 改變 25 / 否則 / 圖像效果清除

Chapter 4 拳王大PK

4-1-3 角色碰到滑鼠游標改變顏色

從電腦開啟檔案，當滑鼠游標碰到「開始」角色，改變顏色。

1. 按【檔案＞從你的電腦挑選】。

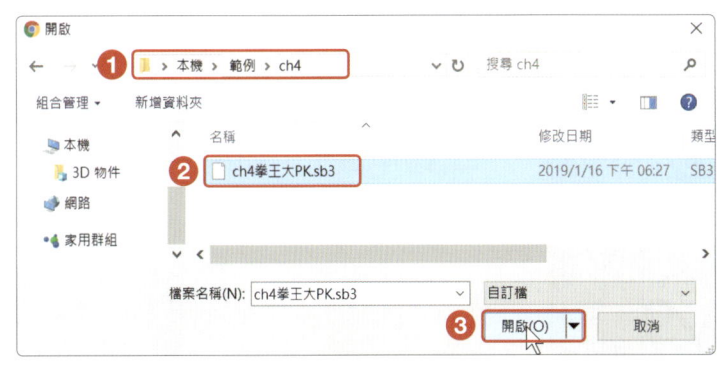

2. 點選【ch4＼ch4拳王大PK.sb3＞開啟】。

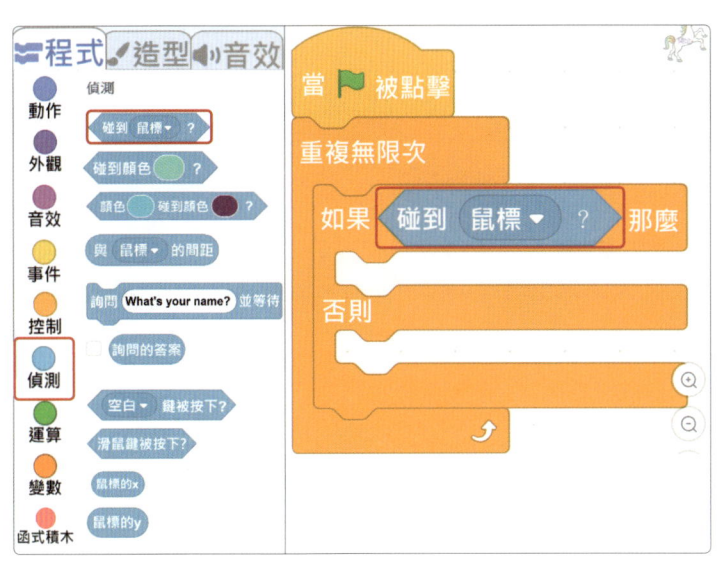

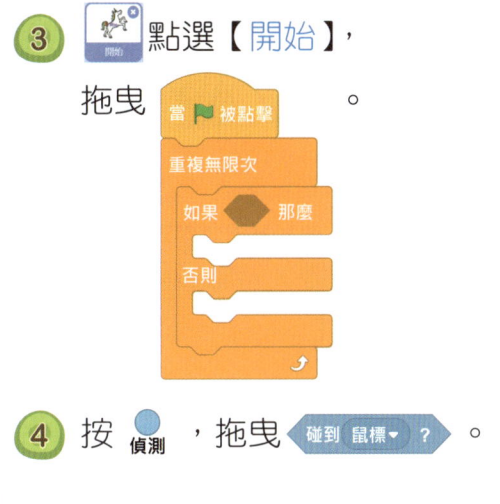

3. 點選【開始】，拖曳 當▶被點擊。

4. 按 偵測，拖曳 碰到 鼠標 ？。

67

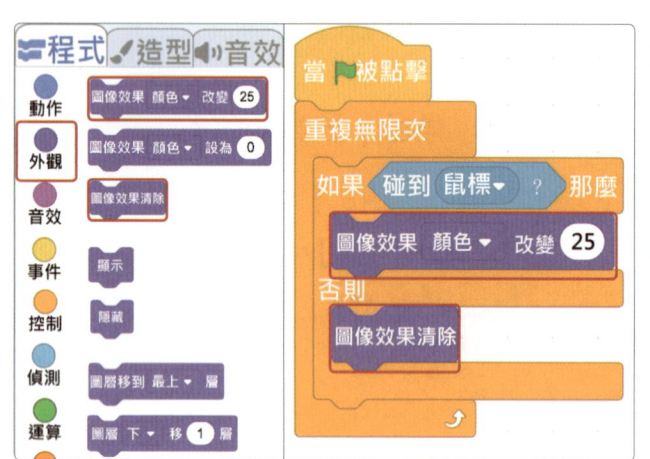

Scratch 3.0 程式積木創意玩

5. 按 外觀，拖曳 圖像效果 顏色 改變 25 與 圖像效果清除 到如果與否則的下一行。

6. 按 ▶，滑鼠移到「開始」檢查是否改變顏色，滑鼠離開「開始」還原顏色。

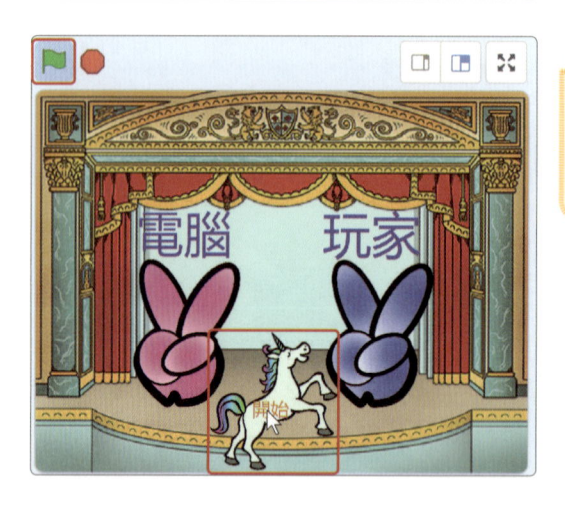

資訊能力
☐ 我學會了：如果～那麼～否則。

4-2 點擊角色廣播開始

點擊「開始」角色，廣播「開始」訊息。

廣播傳遞方式

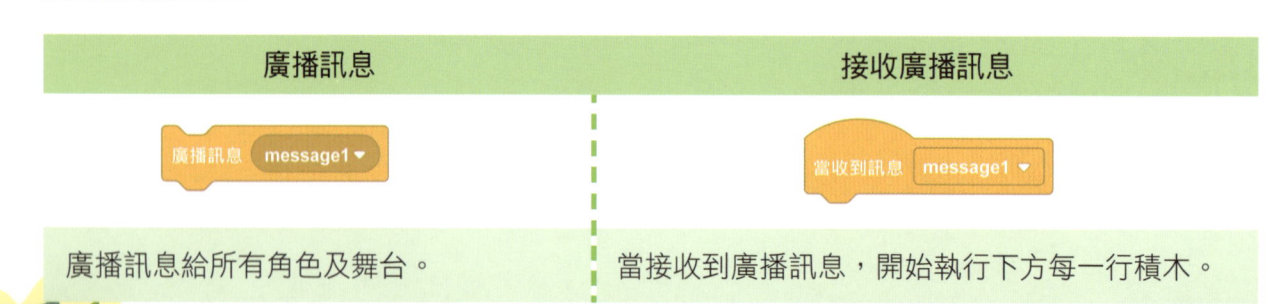

廣播訊息	接收廣播訊息
廣播訊息 message1 ▼	當收到訊息 message1 ▼
廣播訊息給所有角色及舞台。	當接收到廣播訊息，開始執行下方每一行積木。

Chapter 4 拳王大PK

做中學　　　　　　　　　　　　　　　請同學自己練習做做看！

❸ 右圖積木，點擊角色 A 之後，角色 B 如何變化？

角色 A
- 當角色被點擊
- 廣播訊息 跑

角色 B
- 當收到訊息 跑
- 滑行 1 秒到 隨機 位置

① 按 事件 ，拖曳 當角色被點擊 。

② 拖曳 廣播訊息 message1 ，按 ▼ ，點選【新的訊息】，輸入【開始 > 確定】。

資訊能力
☐ 我學會了：廣播。

4-3　建立變數

　　Scratch 3 變數 積木中利用 建立一個變數 來產生變數。當變數產生成功之後，會自動產生該變數相關功能的指令積木如下：

舞台顯示變數	增加變數值
☑ 電腦 勾選或 變數 電腦 顯示	變數 電腦 改變 1
舞台隱藏變數	固定變數值
☐ 電腦 未勾選或 變數 電腦 隱藏	變數 電腦 設為 0

69

Scratch 3.0 程式積木創意玩

建立一個變數

建立「玩家」及「電腦」兩個變數。

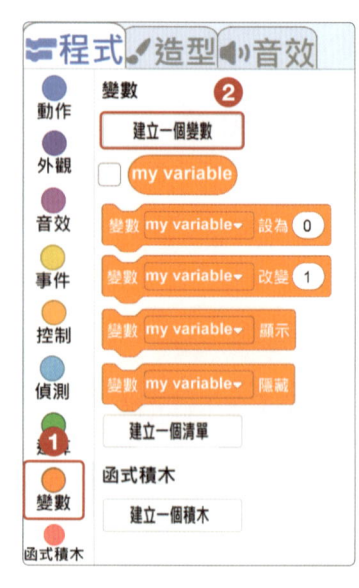

① 按 **變數**，點選 **建立一個變數**，輸入【電腦 > 確定】。

② 重複步驟1，再建立一個【玩家】變數。

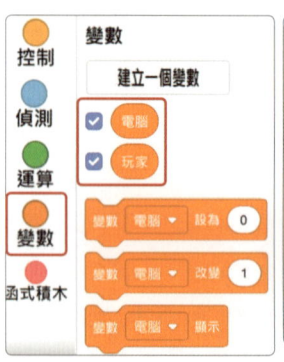

③ 將舞台「電腦」與「玩家」變數移到電腦與玩家標題上方。

4-4 設定隨機造型

當「玩家」與「電腦」接收到「開始」的廣播訊息時，在1剪刀、2石頭或3布之間隨機選一個，並將造型設定為所選的結果（1剪刀、2石頭或3布）。

玩家或電腦	造型1：剪刀	造型2：石頭	造型3：布	接收到「開始」的廣播訊息時 在剪刀、石頭或布之間隨機選一個 將造型設定為所選的結果（剪刀、石頭或布）

Chapter 4 拳王大PK

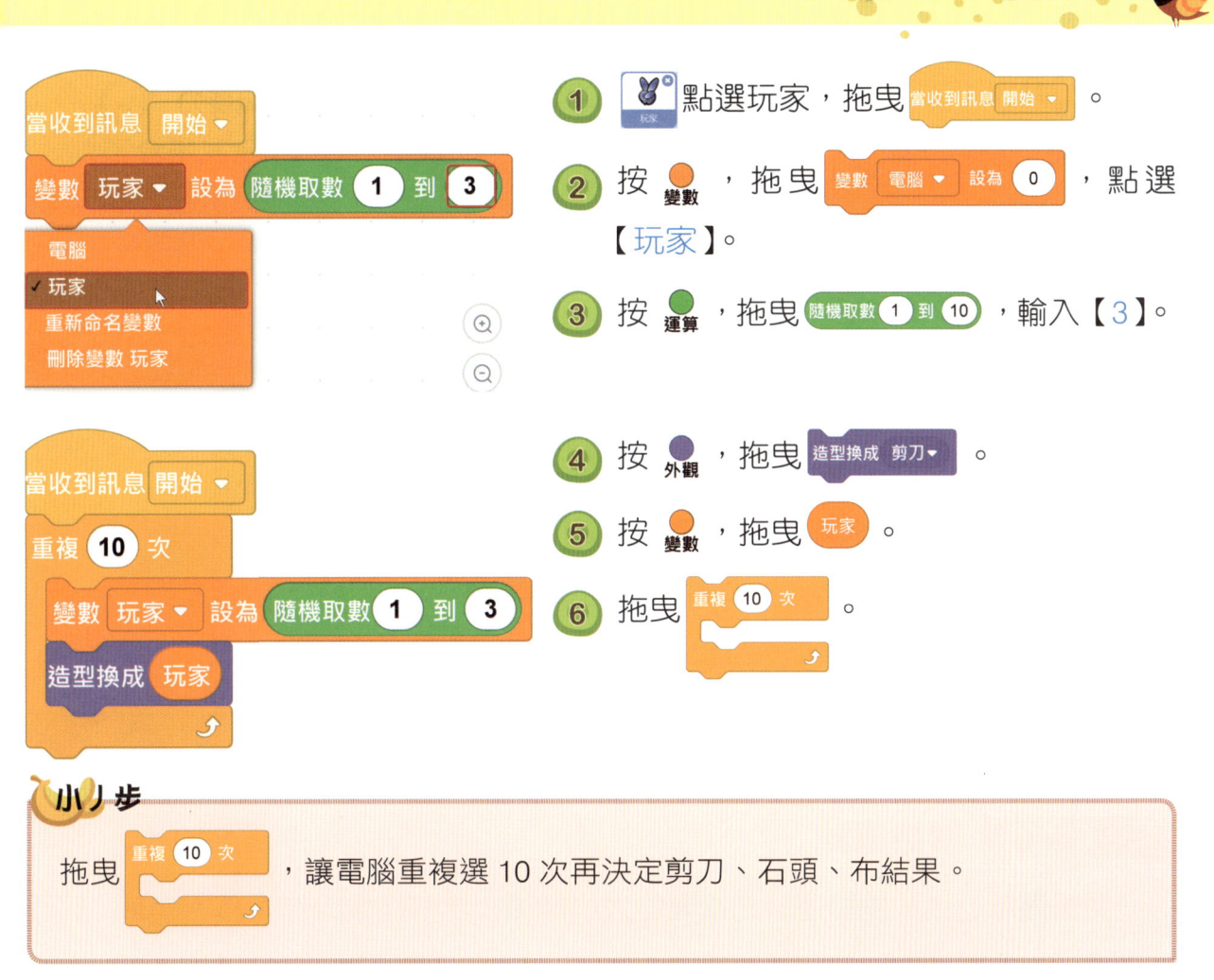

① 點選玩家，拖曳 `當收到訊息 開始`。

② 按 `變數`，拖曳 `變數 電腦 設為 0`，點選【玩家】。

③ 按 `運算`，拖曳 `隨機取數 1 到 10`，輸入【3】。

④ 按 `外觀`，拖曳 `造型換成 剪刀`。

⑤ 按 `變數`，拖曳 `玩家`。

⑥ 拖曳 `重複 10 次`。

小小步

拖曳 `重複 10 次`，讓電腦重複選 10 次再決定剪刀、石頭、布結果。

⑦ 將全部積木拖曳到 電腦。

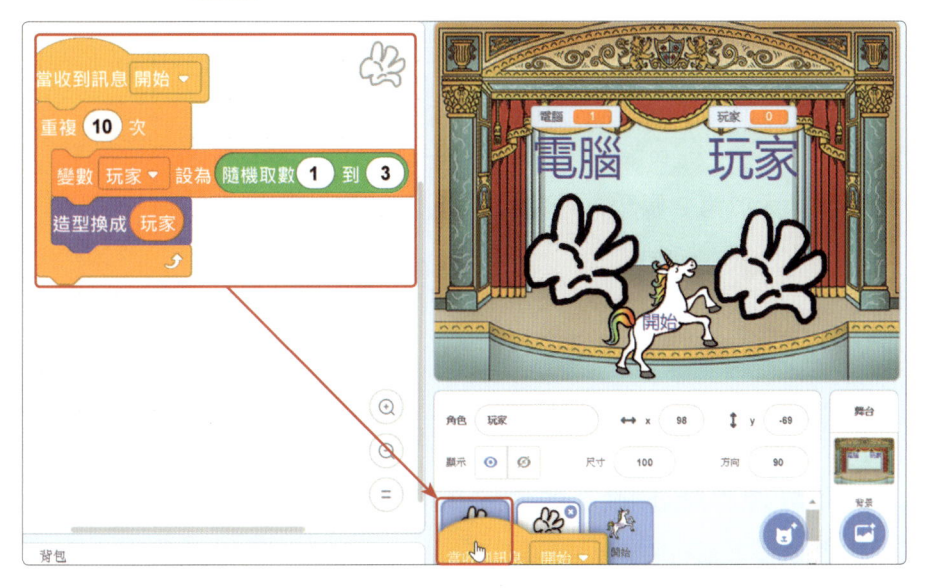

⑧ 點選【電腦】，將「玩家」改為【電腦】。

⑨ 按 🚩，再按「開始」，檢查「玩家」與「電腦」是否改變造型。

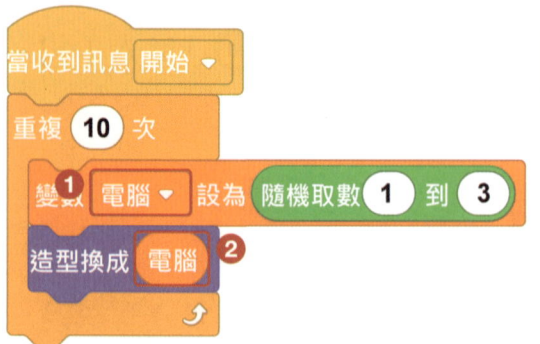

資訊能力
☐ 我學會了：
變數的應用。

4-5 關係與邏輯運算

4-5-1 關係運算

關係運算是比較兩個運算元之間的大小關係，比較結果分為：真（True）與假（False）。

關係運算	運算積木	範例	結果
等於（＝）	⬤ = 50 兩數相等為「真」。	9 = 3	
大於（＞）	⬤ > 50 第 1 個數大於第 2 個數為「真」。	9 > 3	
小於（＜）	⬤ < 50 第 1 個數小於第 2 個數為「真」。	9 < 3	

做中學　　😊 請同學自己練習做做看！

❹ 請拖曳 Scratch 運算積木中「範例」的數值，再按一下積木執行，將結果填入上表「結果」。

4-5-2 邏輯運算

邏輯運算執行兩個條件之間的邏輯關係，比較結果分為：真（True）與假（False）。

邏輯運算	運算積木	範例	結果
且 and	且 前後兩個條件都成立為「真」。	1 < 2 且 2 < 3	
或 or	或 前後兩個條件只要其中一個條件成立為「真」。	1 < 2 或 2 < 3	
反 not	不成立 條件不成立為「真」。	1 < 2 不成立	

做中學　　請同學自己練習做做看！

❺ 請拖曳 Scratch 運算積木中「範例」的數值，再按一下積木執行，將結果填入上表「結果」。

4-6 電腦說出結果

「玩家」與「電腦」出拳，電腦說出結果。

剪刀、石頭與布的九種組合結果

玩家	電腦	電腦說出結果	我的規劃
剪刀 1	剪刀 1	平手	
剪刀 1	石頭 2	電腦贏	

Scratch 3.0 程式積木創意玩

玩家	電腦	電腦說出結果	我的規劃
剪刀 1	布 3	玩家贏	
石頭 2	剪刀 1	玩家贏	
石頭 2	石頭 2	平手	
石頭 2	布 3	電腦贏	
布 3	剪刀 1	電腦贏	
布 3	石頭 2	玩家贏	
布 3	布 3	平手	

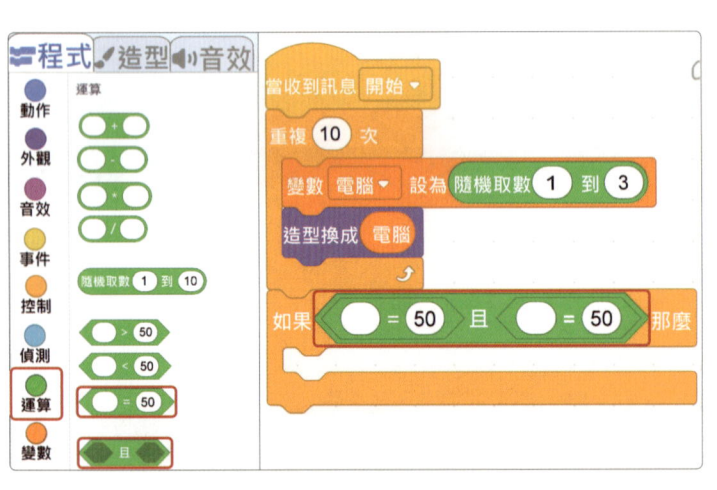

① 點選【電腦】，按 控制，拖曳 如果 那麼 。

② 按 運算，拖曳 且 。

③ 拖曳 2 個 ◯ = 50 到且的左右兩側。

④ 按 變數，拖曳 電腦 與 玩家 到「＝」左側，在右側輸入【1】。

Chapter 4 拳王大 PK

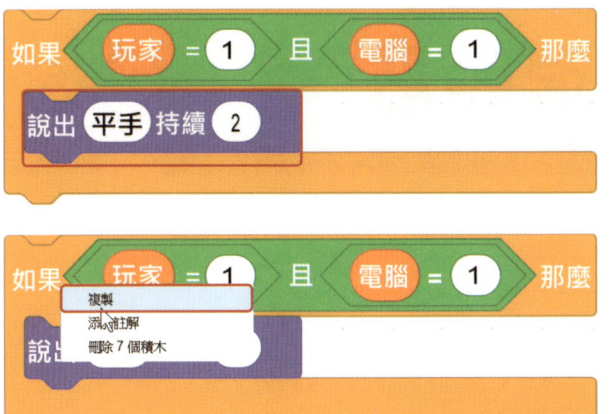

5. 按 外觀，拖曳 說出 Hello! 持續 2 秒，輸入【平手】。

6. 在「如果」按右鍵【複製】8 個如果。

7. 依照「玩家與電腦結果判斷流程」修改下圖積木。

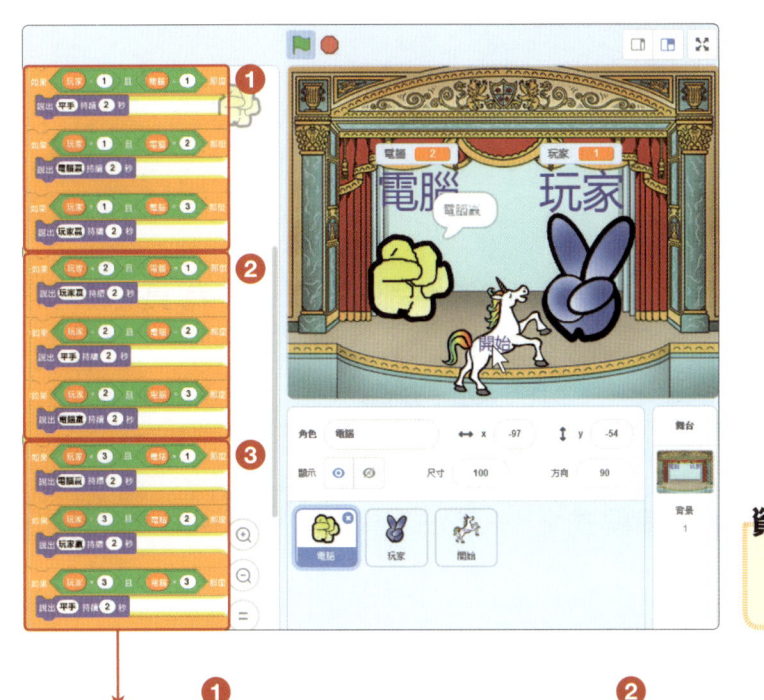

資訊能力

☐ 我學會了：複雜邏輯判斷。

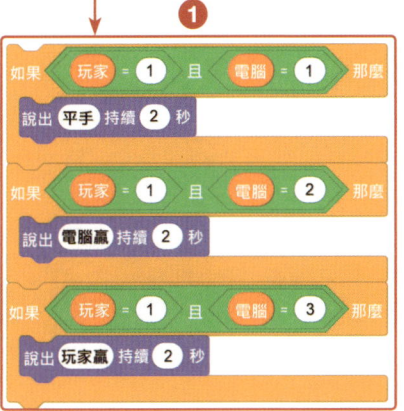

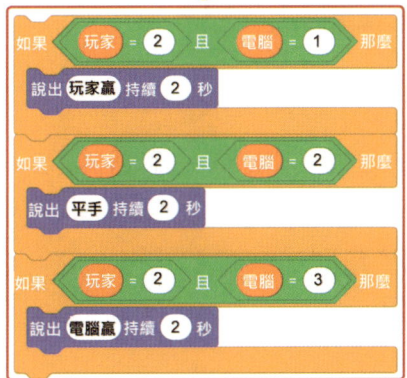

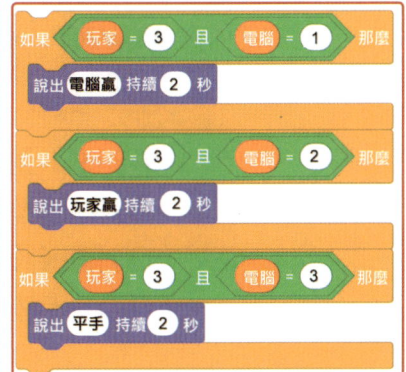

❶
- 如果 玩家 = 1 且 電腦 = 1 那麼
  - 說出 平手 持續 2 秒
- 如果 玩家 = 1 且 電腦 = 2 那麼
  - 說出 電腦贏 持續 2 秒
- 如果 玩家 = 1 且 電腦 = 3 那麼
  - 說出 玩家贏 持續 2 秒

❷
- 如果 玩家 = 2 且 電腦 = 1 那麼
  - 說出 玩家贏 持續 2 秒
- 如果 玩家 = 2 且 電腦 = 2 那麼
  - 說出 平手 持續 2 秒
- 如果 玩家 = 2 且 電腦 = 3 那麼
  - 說出 電腦贏 持續 2 秒

❸
- 如果 玩家 = 3 且 電腦 = 1 那麼
  - 說出 電腦贏 持續 2 秒
- 如果 玩家 = 3 且 電腦 = 2 那麼
  - 說出 玩家贏 持續 2 秒
- 如果 玩家 = 3 且 電腦 = 3 那麼
  - 說出 平手 持續 2 秒

課後練習

一、選擇題

1. (　　) 下圖積木的意義為何？

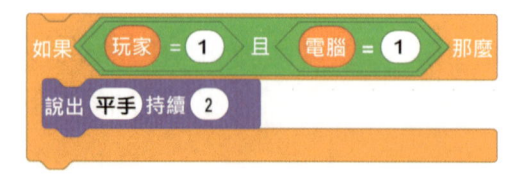

    如果 ⟨玩家 = 1⟩ 且 ⟨電腦 = 1⟩ 那麼
    　說出 平手 持續 2

    (A) 玩家且電腦同時出剪刀時，說出：「平手」
    (B) 條件不成立為真
    (C) 玩家的值為 1 或電腦的值為 1
    (D) 如果電腦與玩家不成立為 1

2. (　　) 下列哪一個邏輯運算需要兩個條件都成立，才為真「True」？

    (A)  不成立　　　　(B)  且
    (C)  或　　　　　　(D)  = 50

3. (　　) 下圖積木執行下列哪一個程式？

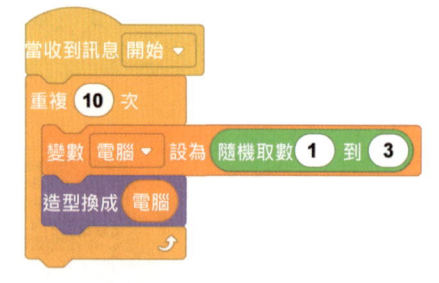

    當收到訊息 開始
    重複 10 次
    　變數 電腦 設為 隨機取數 1 到 3
    　造型換成 電腦

    (A) 在 1 到 3 之間隨機選一個數
    (B) 將造型設為定 1 到 3 之間隨機一個
    (C) 隨機設定造型
    (D) 以上皆是

課後練習

4. （　）下列哪一個積木「可以」依據「條件判斷結果」執行程式？

（A）當角色被點擊

（B）如果　那麼　否則

（C）重複無限次

（D）重複 10 次

5. （　）下列哪一個積木不屬於「運算」？

（A）○ < 50

（B）字串組合 apple banana

（C）○ 或 ○

（D）當角色被點擊

二、動動腦

1. 請利用 ◆不成立，將「開始」角色中「如果 < 碰到滑鼠游標 > 改變圖像顏色效果」，改為「如果 < 沒有碰到滑鼠游標 > 改變圖像顏色效果」。

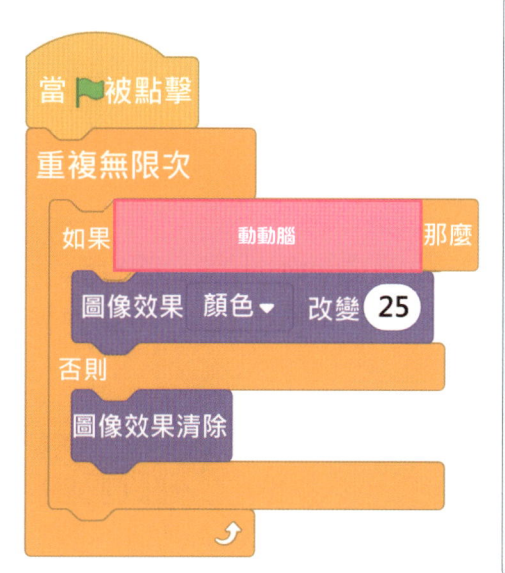

AI 能力大躍進

請輸入下列網址，在 Scratch 3 的擴展功能中新增 AI 臉部偵測積木，以「視訊鏡頭」偵測臉部情緒，利用臉部情緒控制電腦與玩家出拳。

AI 視訊偵測	AI 偵測到臉部情緒開始執行程式
Face Sensing 臉部偵測	當偵測到高興 (joyful)、悲傷 (sad)、厭惡 (disgusted)、生氣 (angry)、害怕 (fearful) 時開始執行程式。

① 開啟瀏覽器，輸入網址【https://playground.raise.mit.edu/create/】。

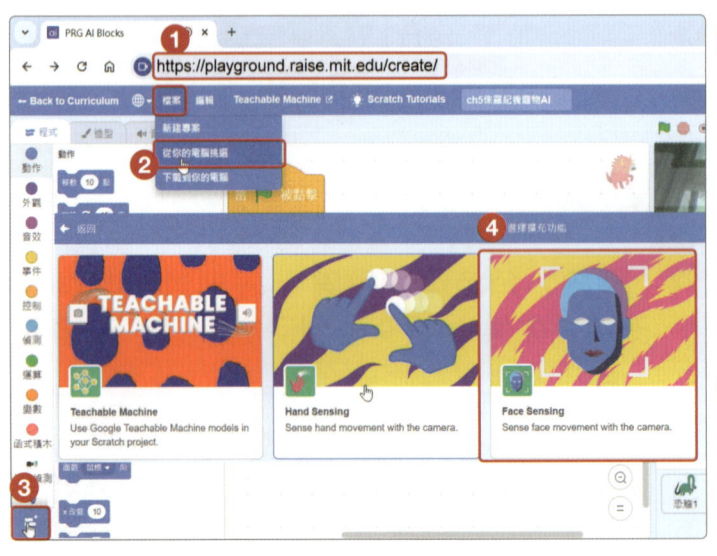

② 點擊【檔案】的【從你的電腦挑選】，點選【ch4 拳王大 PK】，再按【開啟】。

③ 點擊【添加擴展】。

④ 再點選【Face Sensing】(臉部偵測)。

⑤ 點擊【開始】角色，將「點擊角色廣播開始訊息」的程式，更改為成「當偵測到高興的情緒時，廣播開始訊息」。再面對視訊鏡頭微笑，電腦與玩家開始出拳。

學習要點

養侏羅紀的寵物 ⑤

1. 產生分身
2. 角色大小特效
3. 角色圖層
4. 偵測視訊

課前操作

本章將設計養侏羅紀的寵物程式。程式開始時，恐龍在侏羅紀公園依照視訊方向漫步。當按下「美洲豹或刺蝟」產生分身，如果恐龍吃到美洲豹會「長大」。如果恐龍吃到「刺蝟」會「縮小」。如果點擊恐龍，恐龍想著：「Hmm…」。
請開啟範例檔【ch5 侏羅紀養寵物 .sb3】，點擊 🚩，開啟視訊或點擊美洲豹、刺蝟或恐龍，動手操作【侏羅紀養寵物】程式，並觀察下列動作：

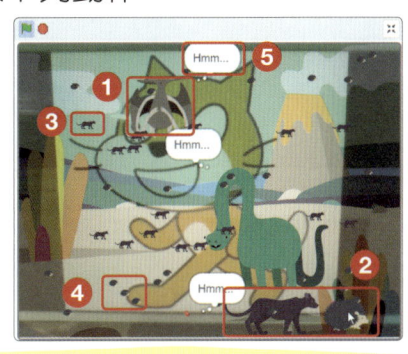

1. 恐龍在侏羅紀公園漫步
2. 點一下產生分身
3. 吃到美洲豹長大
4. 吃刺蝟縮小
5. 點擊恐龍想著 Hmm…

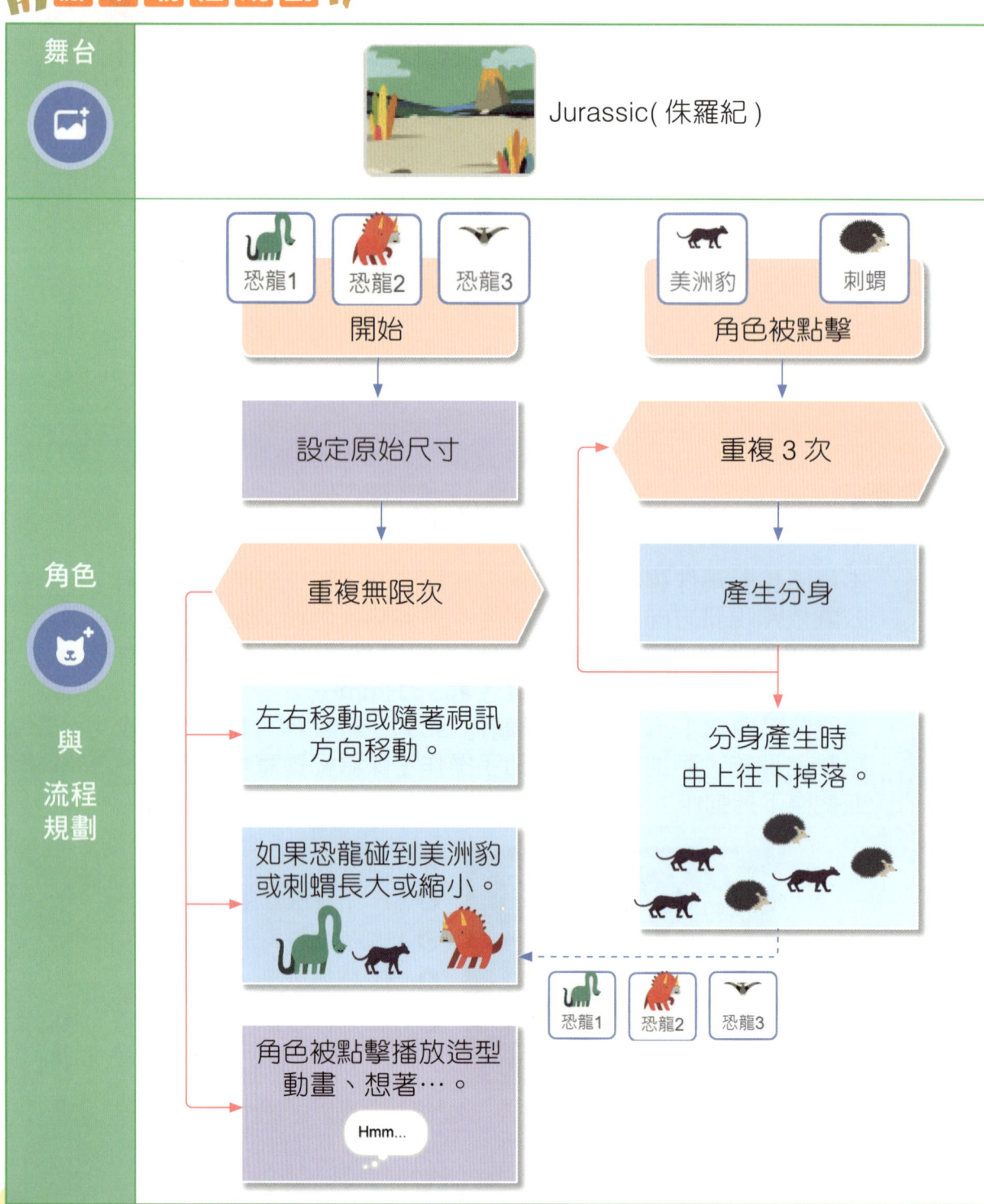

Scratch 3.0 程式積木創意玩

腳本流程規劃

舞台	Jurassic(侏羅紀)
角色與流程規劃	**恐龍1、恐龍2、恐龍3**：開始 → 設定原始尺寸 → 重複無限次 → 左右移動或隨著視訊方向移動。 如果恐龍碰到美洲豹或刺蝟長大或縮小。 角色被點擊播放造型動畫、想著⋯。Hmm... **美洲豹、刺蝟**：角色被點擊 → 重複3次 → 產生分身 → 分身產生時由上往下掉落。（對應恐龍1、恐龍2、恐龍3）

80

我的創意規劃

請將您的創意想法填入下表中。

創意想法	恐龍 1	恐龍 2	恐龍 3
1. 恐龍在舞台中可以如何移動呢			
創意想法	美洲豹		刺蝟
2. 美洲豹與刺蝟可以用何種方式產生分身呢？			
3. 美洲豹與刺蝟碰到恐龍之後會產生何種劇情呢？			

5-1 角色圖層

新增侏羅紀背景、3 種侏羅紀的恐龍、美洲豹及刺蝟角色。美洲豹及刺蝟在最上層、恐龍在下一層。

5-1-1 新增背景

新增侏羅紀背景。

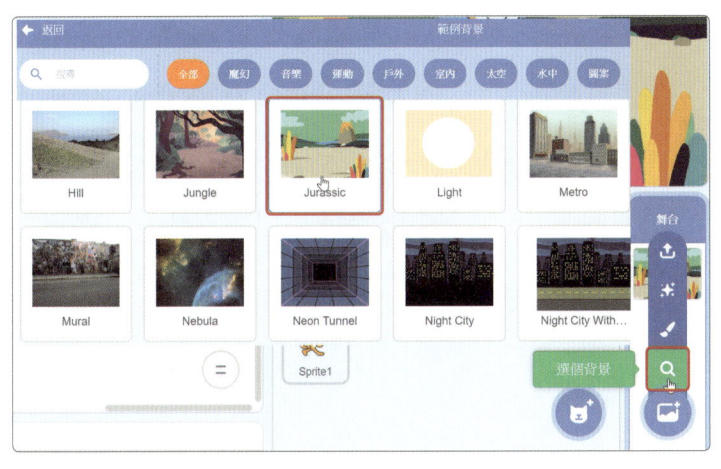

① 開啟 Scratch 3，按【檔案 > 新建專案】。

② 在舞台按 【選擇背景】，點選【Jurassic(侏羅紀)】。

5-1-2 新增角色

新增 3 種恐龍、美洲豹及刺蝟角色。

① 點選【Sprite1(角色1)】的 ❌ 刪除角色。

② 在 「選個角色」，按 🔍【選個角色】。

③ 點選【Dinosaur1(恐龍1)】。

④ 將角色「Dinosaur1」改為【恐龍1】、尺寸設為【50】。

⑤ 重複步驟 2~4，新增恐龍 2、恐龍 3、美洲豹(Panther) 與刺蝟(Hedgehog)。

⑥ 將角色名稱改為【中文】、尺寸設為【50】。

5-1-3 角色圖層

每個角色在舞台的圖層如下：

下移一層

美洲豹設定「下移 1 層」，美洲豹在恐龍的下一層。

移到最上層

美洲豹設定「移到最上層」，美洲豹在所有角色最上層。

5-1-4 角色圖層

美洲豹與刺蝟移到最上層。

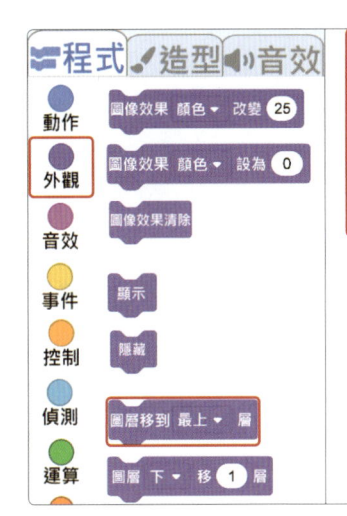

① 點選【美洲豹】，按 控制 拖曳 當▶被點擊 。

② 按 外觀 ，拖曳 圖層移到 最上▼ 層 。

資訊能力

☐ 我學會了：圖層。

小小步

美洲豹與刺蝟積木類似，先設計美洲豹，再複製全部積木到刺蝟修改。

5-2 角色左右移動

「恐龍 1」重複左右移動，碰到邊緣就反彈。

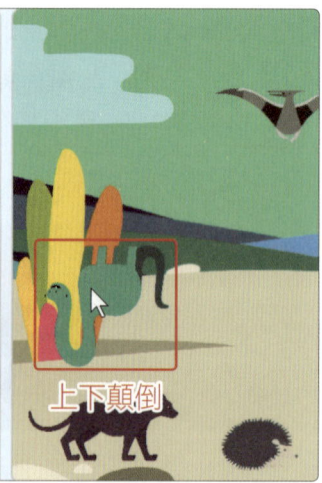

① 點選【恐龍 1】，按 控制，拖曳 重複無限次 。

② 按 動作，拖曳 移動 10 點，輸入【1】。

③ 拖曳 碰到邊緣就反彈 。

上下顛倒

小幫手

角色預設迴轉方式為 360 度（不設限），碰到邊緣反彈會上下顛倒。

④ 拖曳 迴轉方式設為 左-右 。

⑤ 按 🚩，檢查恐龍碰到邊緣是否反彈。

小小步

滑行 1 秒到 隨機 位置 能夠讓角色 1 秒內滑行到隨機位置。

5-3 角色隨視訊方向移動

「恐龍 2」隨著視訊的方向移動。

5-3-1 視訊功能

Scratch 3「視訊偵測」積木在 「添加擴展」中，新增 「視訊偵測」在舞台開啟電腦的視訊攝影機。

開啟或關閉視訊	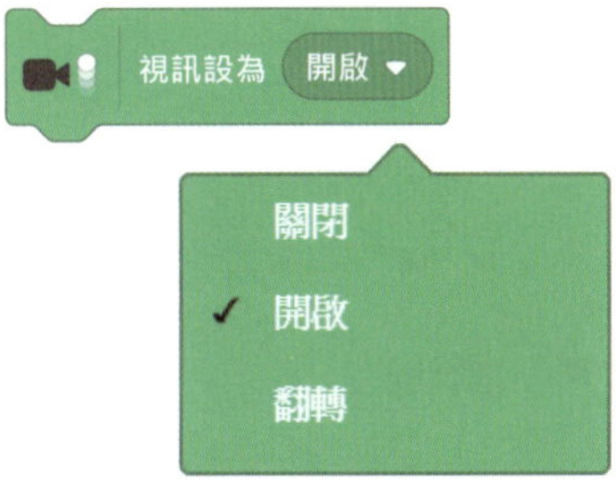 視訊設定為開
視訊設為 開啟 ▼ （下拉選單：關閉／✓開啟／翻轉） 開啟、關閉或翻轉視訊。	
偵測視訊	**視訊設定為翻轉**

偵測視訊	視訊透明度
 角色 ▼ 的視訊 動作 ▼ 偵測角色或舞台的訊視動作或方向。	 視訊透明度設為 50 設定視訊透明度，從 0～100。（0：舞台顯示完整清晰的視訊影像、100 舞台視訊影像完全透明）。

做中學　　　　　　　　　😊 請同學自己練習做做看！

❶ 拖曳下列積木，檢查角色是否說出目前「視訊的方向」？

```
重複無限次
  說出  角色▼ 的視訊 方向▼
```

85

5-3-2 角色隨視訊方向移動

1. 點選【增添擴展 > 視訊偵測】。

2. 點選【恐龍2】。

3. 按 事件，拖曳 2 個 當 空白 鍵被按下，分別點選【向上】與【向下】。

4. 按 視訊偵測，拖曳 2 個 視訊設為 開啟，分別點選【開啟】與【關閉】。

按↑開啟視訊

按↓關閉視訊

小步

請安裝並開啟電腦的視訊攝影機，才能顯示視訊動作。

Chapter 5 養侏羅紀的寵物

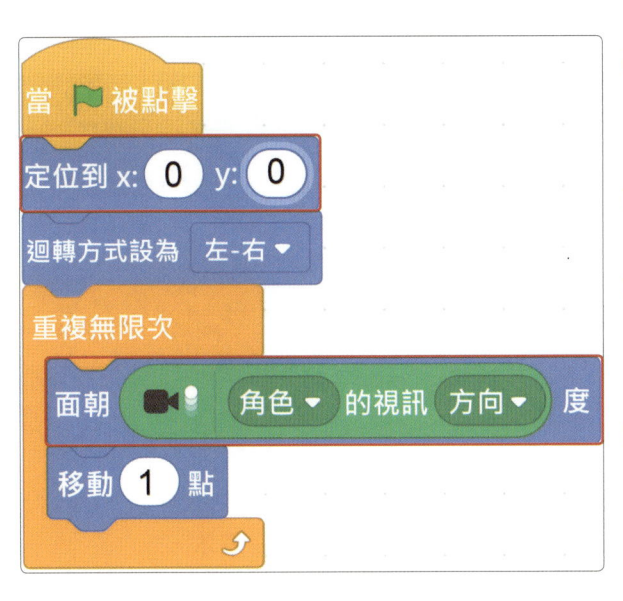

5 將「恐龍 1」積木複製到「恐龍 2」。

6 刪除 碰到邊緣就反彈 。

7 按 動作 ，拖曳 定位到 x: 0 y: 0 ，將角色定位在舞台中心。

8 拖曳 面朝 90 度，再按 視訊偵測 ，拖曳 角色▼ 的視訊 動作▼ ，到「90」的位置，點選【方向】。

小幫手
在視訊動作前向左/右揮手或擺頭，恐龍 2 隨著視訊方向移動。

9 按 ▶ ，再按鍵盤的↑（向上鍵），開啟視訊，在視訊前向左揮手，檢查恐龍 2 是否面向左移動。

Scratch 3.0 程式積木創意玩

5-4 創造角色分身

5-4-1 角色分身

分身積木功能		
創造分身	啟動分身	刪除分身
建立 自己▼ 的分身	當分身產生	分身刪除
在相同「座標」複製一個跟「本尊」一模一樣的分身角色，當程式停止⬡，分身會自動全部刪除。	當分身產生時，開始執行下一行指令積木。	刪除這個分身。

做中學　　　　　　　　　　😊 請同學自己練習做做看！

❷ 點選【美洲豹】，拖曳 `重複 3 次 建立 自己▼ 的分身`，再拖曳舞台的【美洲豹】，檢查總共有幾隻美洲豹？

5-4-2 角色點一下產生分身

當美洲豹點一下，產生 3 個美洲豹的分身。

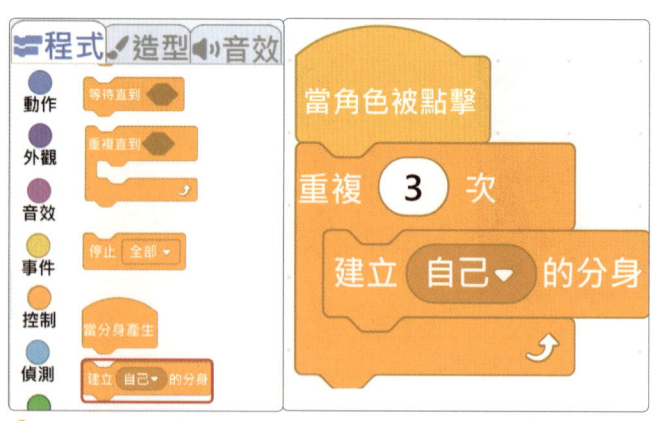

① 點選【美洲豹】，拖曳 `當角色被點擊`。

② 拖曳 `重複 10 次`，輸入【3】。

③ 拖曳 `建立 自己▼ 的分身`。

小小步

按 🚩，到「美洲豹」點一下，拖曳美洲豹，總共會有 4 個 (3 個分身加 1 個本尊)，再按 ⬡，分身全部刪除。

Chapter 5 養侏羅紀的寵物

5-5 當分身產生時開始移動

當「美洲豹」分身產生時，從舞台最上方 (Y=180) 往下掉落。

1. 拖曳 `當分身產生` 與 `定位到 x: 0 y: 0`。
2. 拖曳 `隨機取數 1 到 10` 到 X 位置，輸入【-240 到 240】。
3. 在 Y 輸入【180】。

小幫手

分身產生時從舞台最上方隨機 (-240~240) 位置出現。

4. 拖曳 `滑行 1 秒到 x: 0 y: 0`，輸入【5】秒。
5. 拖曳 `隨機取數 1 到 10` 到 X 位置，輸入【-240 到 240】。
6. 在 Y 輸入【-180】。
7. 拖曳 `分身刪除`。
8. 按 ▶，再點美洲豹，檢查美洲豹分身是否往下掉。

資訊能力

☐ 我學會了：分身。

> **小幫手**
>
> 美洲豹分身往下掉 (Y=-180)，到舞台最下方，刪除這個分身或隱藏。

5-6 角色尺寸

縮小分身。

5-6-1 改變角色尺寸

清除所有圖像效果	改變尺寸
`圖像效果清除` 清除角色的顏色或圖像效果特效	`尺寸改變 10` 正數：放大、負數：縮小
固定尺寸	傳回尺寸值
`尺寸設為 100 %` 將角色尺寸設定為 1~100%	`尺寸` 傳回目前角色的尺寸

做中學　　　　　請同學自己練習做做看！

拖曳下列積木，按 1 下積木，觀察角色大小如何變化？

❸ `重複 10 次` `尺寸改變 10`

❹ `尺寸設為 50 %`

5-6-2 縮小分身

① 點選【美洲豹】，按 外觀，拖曳 尺寸設為 50 % 到 當 ▶ 被點擊 下方。

小小步
尺寸設為 50 % 為目前角色在舞台的尺寸。

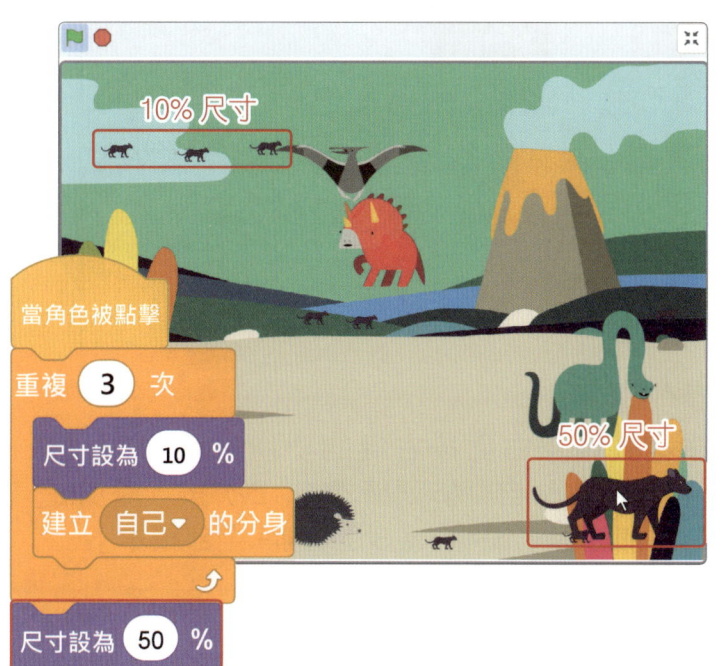

② 拖曳 2 個 尺寸設為 50 % 到 重複 3 次 的下一行及最後一行。

③ 第一個尺寸輸入【10】。

小幫手
縮小分身後，還原原來尺寸。

④ 將美洲豹的 3 組積木拖曳到 刺蝟。

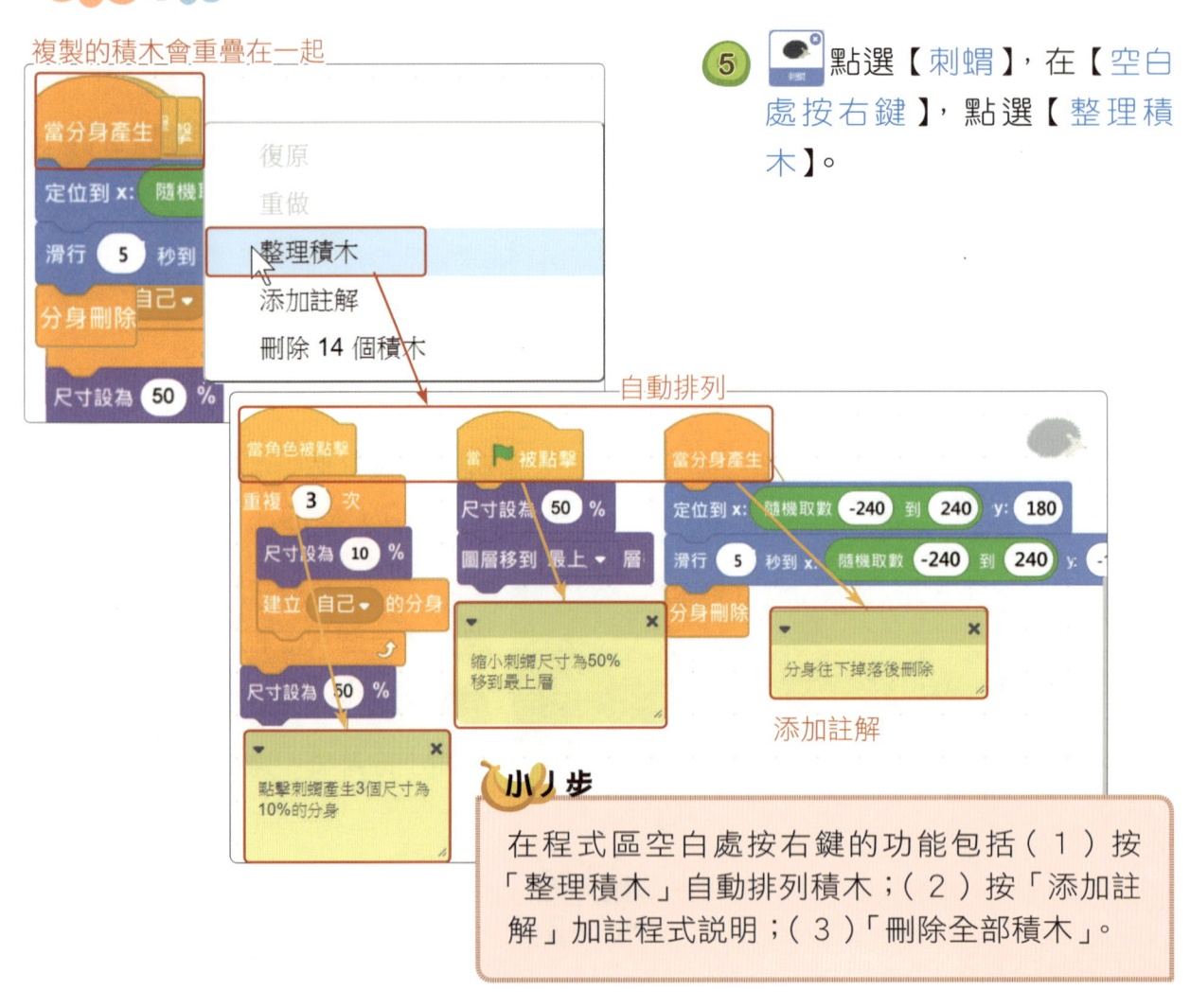

Scratch 3.0 程式積木創意玩

複製的積木會重疊在一起

⑤ 點選【刺蝟】，在【空白處按右鍵】，點選【整理積木】。

自動排列

縮小刺蝟尺寸為50%
移到最上層

分身往下掉落後刪除

添加註解

小步

在程式區空白處按右鍵的功能包括（1）按「整理積木」自動排列積木；（2）按「添加註解」加註程式說明；（3）「刪除全部積木」。

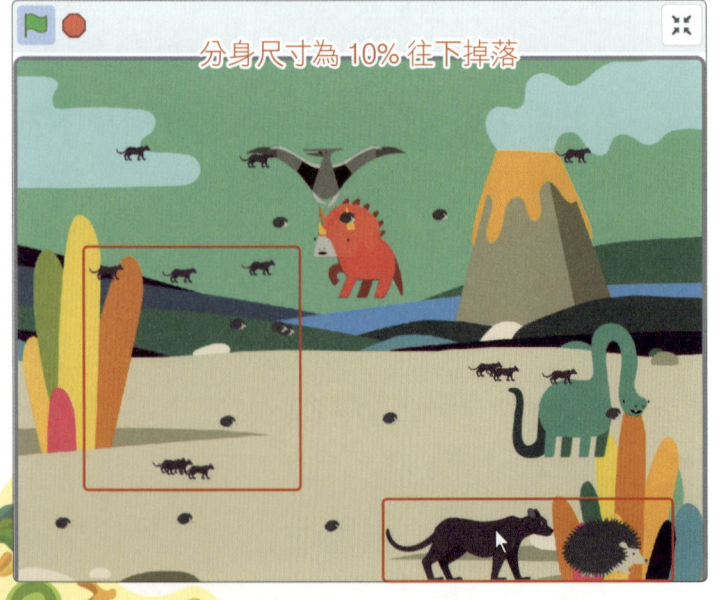

分身尺寸為 10% 往下掉落

⑥ 按 🚩，再點按美洲豹或刺蝟，檢查分身是否正確。

5-7 如果碰到改變尺寸

5-7-1 角色尺寸變大

如果恐龍碰到美洲豹，恐龍尺寸變大。

① 點選恐龍1，拖曳 `當▶被點擊 重複無限次 如果 那麼`。

② 按 偵測，拖曳 `碰到 鼠標 ?` 點選【美洲豹】。

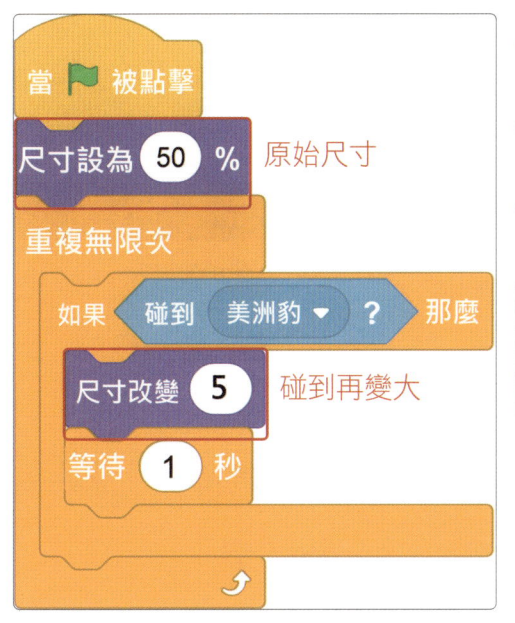

③ 按 外觀，拖曳 `尺寸改變 10`，輸入【5】。

④ 按 控制，拖曳 `等待 1 秒`。

⑤ 拖曳 `尺寸設為 50 %` 到綠旗下方。

小幫手

美洲豹開始執行時先設定原始尺寸50%。當恐龍碰到美洲豹再長大5。

資訊能力

☐ 我學會了：調整角色尺寸。

5-7-2 角色尺寸變小

如果恐龍碰到刺蝟，恐龍尺寸變小。

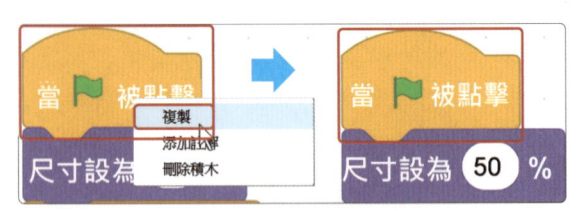

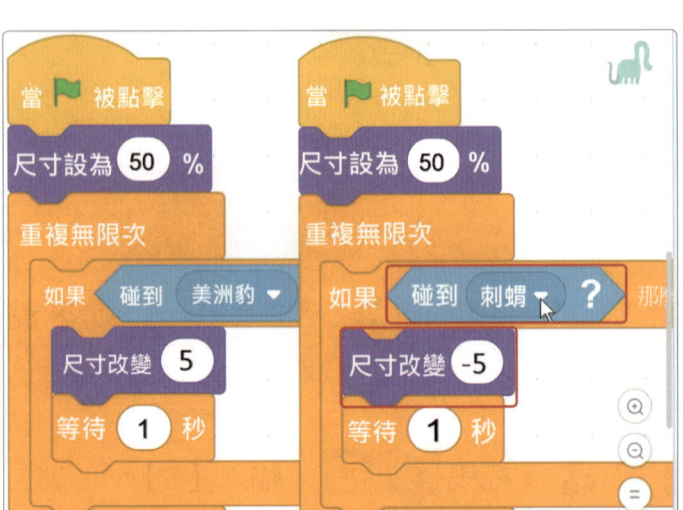

① 當▶被點擊 按右鍵【複製】積木。

② 將複製的積木改為【碰到刺蝟】、尺寸改變【-5】。

小幫手
恐龍碰到不喜歡的刺蝟時，尺寸縮小 -5。

5-8 點擊角色互動

當點擊恐龍時，恐龍想著：「Hmm…」並播放動畫。

5-8-1 角色說出或想著

說出或想著 2 秒		說出或想著不限時
說出：「Hello!」2 秒後消失	說 Hello!	說出：「Hello!」，對話框不消失
想著：「Hmm...」2 秒後消失	想 Hmm...	想著：「Hmm...」，對話框不消失

Chapter 5 養傑羅紀的寵物

做中學　　　　　　　　　😊 請同學自己練習做做看！

❺ 下列哪一組積木，會讓角色一直顯示「說出或想著」的對話框，不會消失？請勾選。

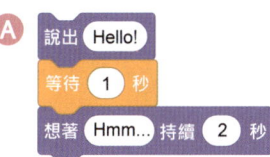

A
- 說出 Hello!
- 等待 1 秒
- 想著 Hmm... 持續 2 秒

B
- 說出 Hello! 持續 2 秒
- 想著 Hmm...
- 移動 10 點

5-8-2 點擊恐龍想著：「Hmm…」

積木組合：
- 當角色被點擊
- 想著 Hmm...
- 重複無限次
  - 造型換成下一個
  - 等待 1 秒

① 按 事件，拖曳 當角色被點擊。

② 按 外觀，拖曳 想著 Hmm...。

③ 拖曳 重複無限次 切換造型動畫。
  - 造型換成下一個
  - 等待 1 秒

切換4個造型動畫

95

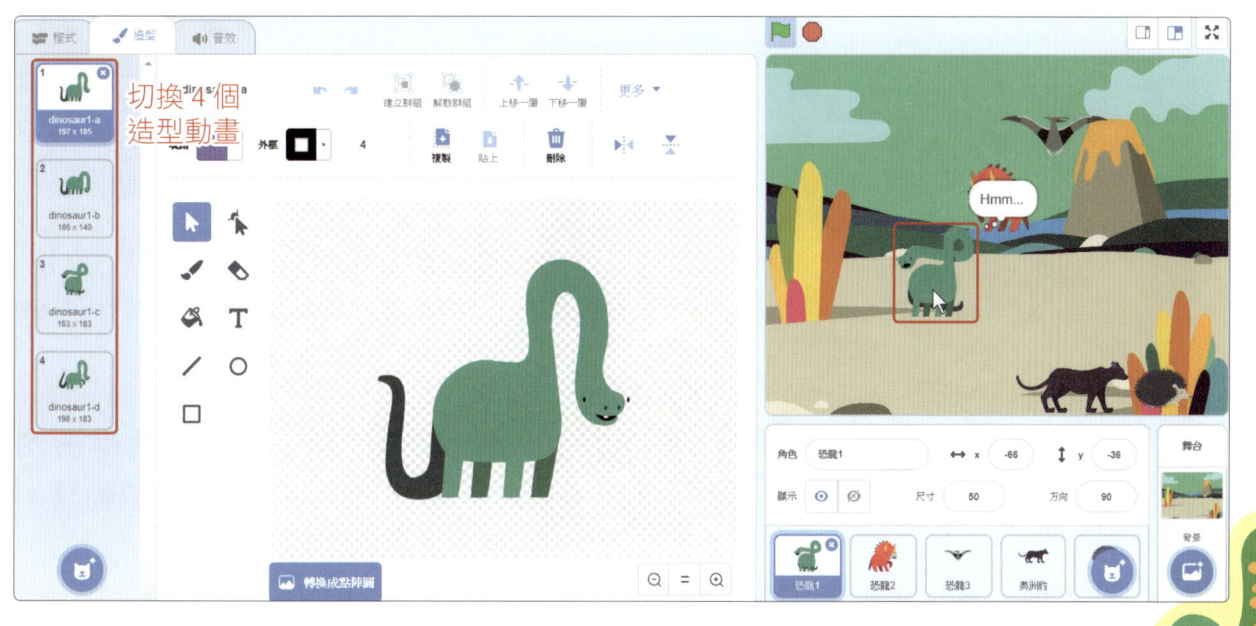

Scratch 3.0 程式積木創意玩

④ 將 2、3 與 4 組積木複製到恐龍 2。

⑤ 將全部積木 1、2、3 與 4 組複製到恐龍 3。

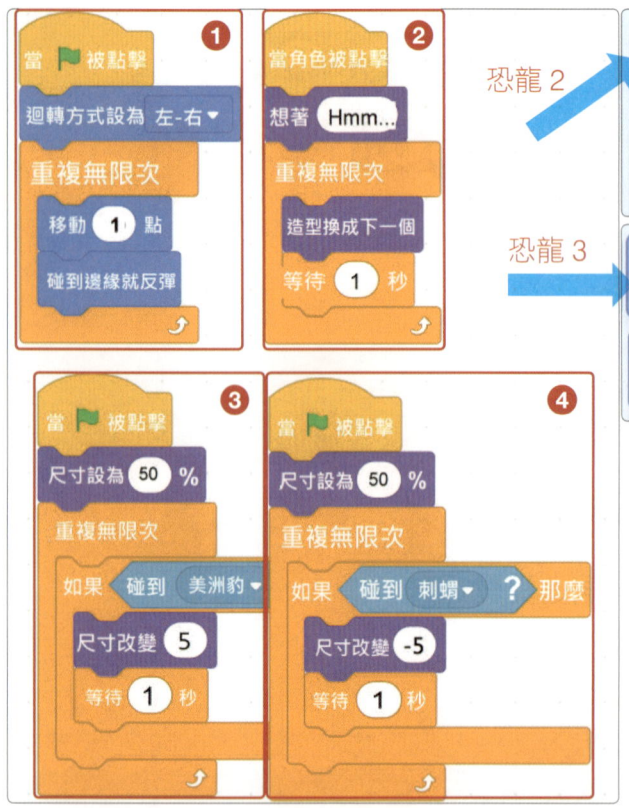

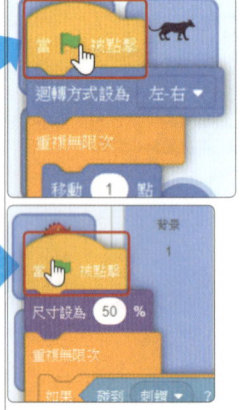

恐龍 2

恐龍 3

小幫手

恐龍 2 隨著視訊動作移動，不需複製 1 移動積木。

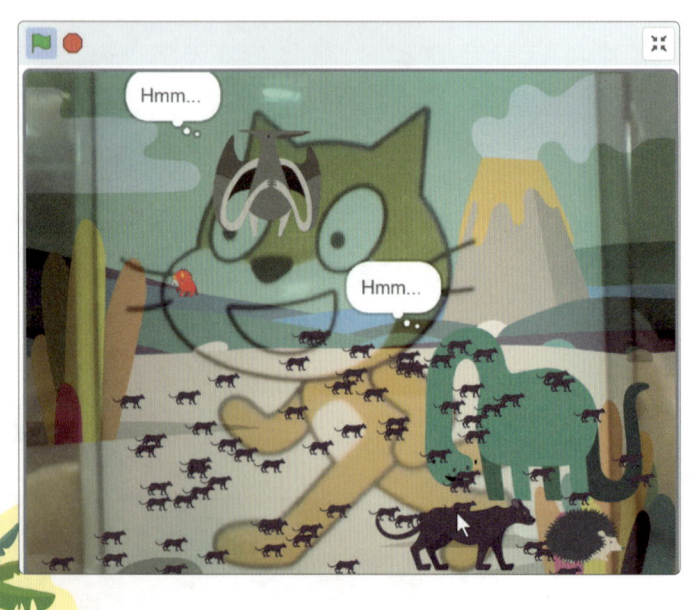

⑥ 點按 🏁，按鍵盤↑（向上鍵）開啟視訊、或按↓（向下鍵）關閉視訊，檢查 恐龍 2 是否隨著視訊方向移動。

⑦ 按【美洲豹】或【刺蝟】，檢查恐龍碰到美洲豹是否變大、碰到刺蝟變小。

⑧ 點擊恐龍，檢查恐龍是否想著「Hmm…」，並播放動畫。

課後練習

一、選擇題

1. (　　) 右圖積木執行後，在舞台上會有幾個角色？
   （A）10　　　　　　　　　（B）11
   （C）0　　　　　　　　　　（D）無數個

2. (　　) 下圖積木會讓角色定位在舞台的哪一個地方？
   （A）上　　　　　　　　　（B）下
   （C）左　　　　　　　　　（D）右

3. (　　) 右圖積木敘述何者「正確」？
   （A）按下綠旗開始執行程式
   （B）角色重複切換造型
   （C）角色會想著 Hmm…之後結束
   （D）以上皆是

4. (　　) 下列哪一個積木「無法改變或設定」角色的大小？
   （A）尺寸設為 100 %　　　（B）尺寸改變 10
   （C）圖層移到 最上 層　　（D）尺寸改變 -1

5. (　　) 下列關於分身的敘述何者「不正確」？
   （A）建立 自己 的分身 創造分身
   （B）當分身產生 啟動分身執行程式
   （C）本尊與分身都在相同的座標
   （D）分身刪除 刪除分身及本尊

課後練習

二、動動腦

1. 利用 `定位到 x: 0 y: 0` 與 `隨機取數 1 到 10`，設計「恐龍」角色在程式開始時先隨機出現，再開始移動。

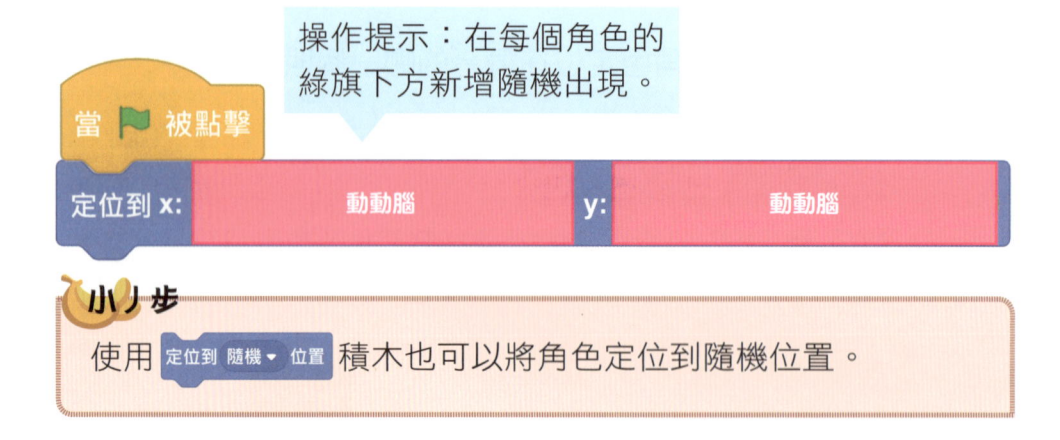

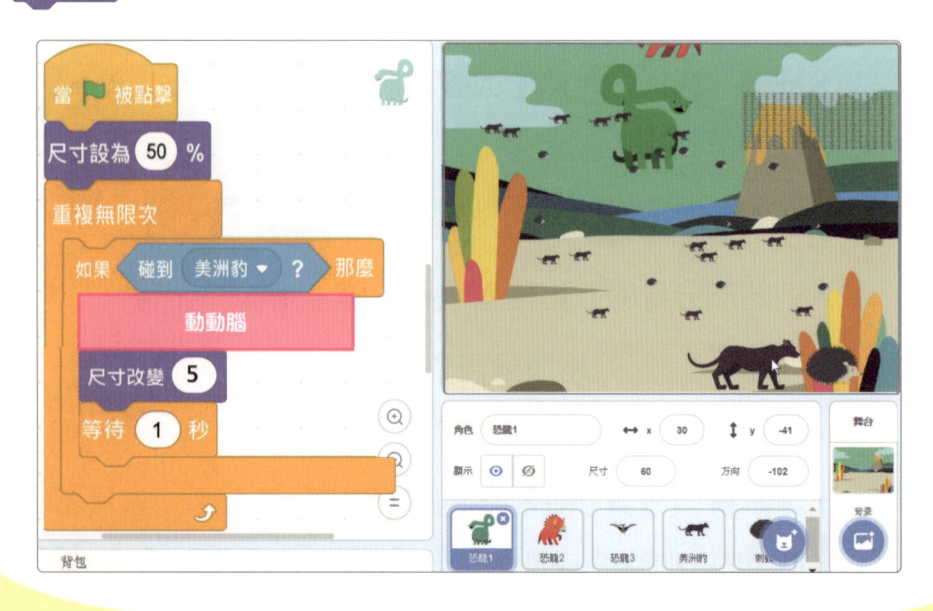

   操作提示：在每個角色的綠旗下方新增隨機出現。

   `當 ▶ 被點擊`
   `定位到 x: 動動腦  y: 動動腦`

   小步
   使用 `定位到 隨機▼ 位置` 積木也可以將角色定位到隨機位置。

2. 請利用 `圖像效果 顏色▼ 改變 25` 的「顏色」、「魚眼」或其他圖像效果與 `圖像效果清除`，讓恐龍碰到「美洲豹」時改變其他圖像效果。

98

AI 能力大躍進

請輸入下列網址,在 Scratch 3 的擴展功能中新增 AI 手指、臉部與身體姿勢偵測積木,以「視訊鏡頭」偵測手指動作、身體姿勢或臉部表情。

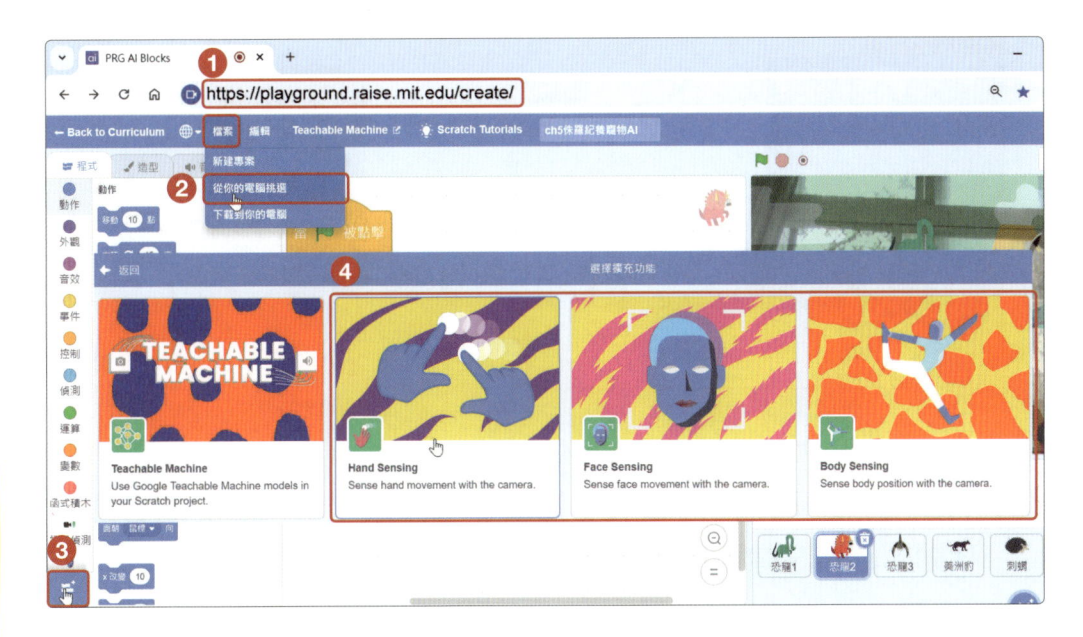

① 開啟瀏覽器,輸入網址【https://playground.raise.mit.edu/create/】。

② 點擊【檔案】的【從你的電腦挑選】,點選【ch5 養侏羅紀的寵物】,再按【開啟】。

③ 點擊【添加擴展】。

④ 再點選【Hand Sensing】(手指偵測)、【Face Sensing】(臉部偵測)與【Body Sensing】(身體偵測)。

AI 能力大躍進

⑤ 點擊【恐龍2】角色,將「揮手控制恐龍移動方向」的程式,更改為利用 AI 偵測手指、臉部或身體姿勢控制恐龍2移動。

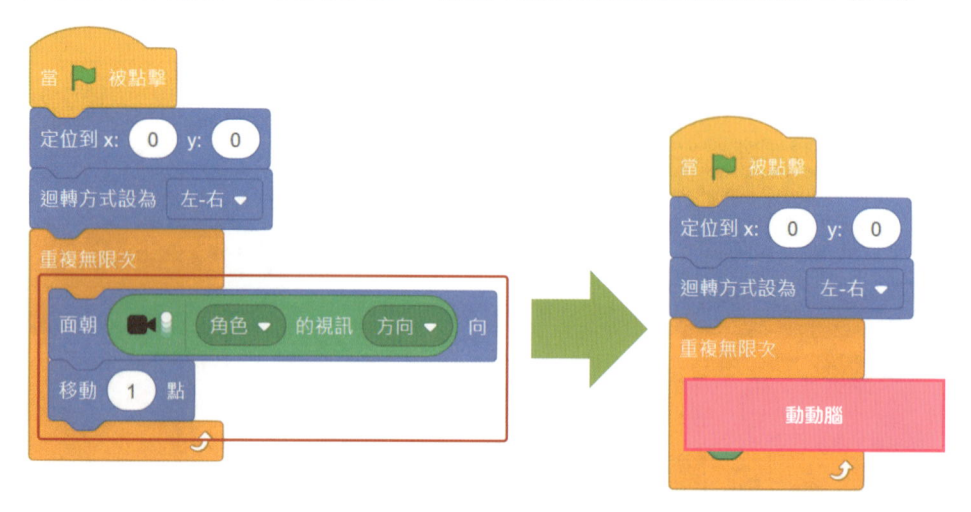

⑥ 開啟視訊鏡頭,再將五個手指放在視訊鏡頭前,恐龍跟著拇指移動、跟著左肩膀移動或者跟著左耳移動。

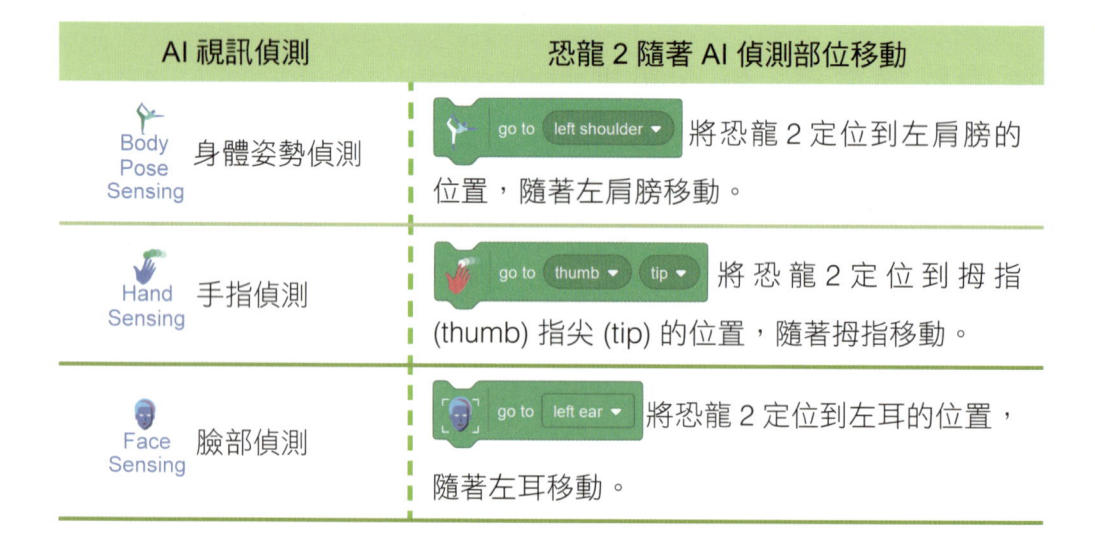

AI 視訊偵測	恐龍2 隨著 AI 偵測部位移動
Body Pose Sensing　身體姿勢偵測	`go to left shoulder`　將恐龍2定位到左肩膀的位置,隨著左肩膀移動。
Hand Sensing　手指偵測	`go to thumb tip`　將恐龍2定位到拇指 (thumb) 指尖 (tip) 的位置,隨著拇指移動。
Face Sensing　臉部偵測	`go to left ear`　將恐龍2定位到左耳的位置,隨著左耳移動。

學習要點

小雞蛋蛋音符

6

1. 設計角色造型隨著滑鼠動作變化
2. 點擊滑鼠演奏音階
3. 按下鍵盤按鍵演奏音階

課前操作

小雞蛋蛋音符程式，開始時角色顯示「雞蛋」的造型，當滑鼠碰到雞蛋時切換「蛋孵雞」的造型、當按下滑鼠時切換「小雞」的造型，並演奏音階。再將鍵盤當琴鍵，按下鍵盤彈奏 Do、Re、Mi、Fa、So、La、Si、高音 Do。請開啟範例檔【ch6 小雞蛋蛋音符.sb3】，點擊 🚩，再點擊蛋蛋或按下鍵盤，動手操作【小雞蛋蛋音符】程式，並觀察下列動作：

1. 「開始」雞蛋造型
2. 「碰到」蛋孵雞造型
3. 「按下」小雞造型

按 A 鍵「Do」　　按 G 鍵「So」
按 S 鍵「Re」　　按 H 鍵「La」
按 D 鍵「Mi」　　按 J 鍵「Si」
按 F 鍵「Fa」　　按 K 鍵「高音 Do」

Scratch 3.0 程式積木創意玩

腳本流程規劃

舞台	Farm(農場)
角色 與 流程規劃	

角色音階對應：
- Do → A
- Re → S
- Mi → D
- Fa → F
- So → G
- La → H
- Si → J
- 高音Do → K

鍵盤：Caps A S D F G H J K L

主流程：
- 開始
- 定位在舞台固定位置
- 重複無限次
  - 換成雞蛋造型
  - 如果碰到滑鼠 換成蛋孵雞造型
  - 如果按下滑鼠 換成小雞造型 演奏音階

按鍵流程：
- 按 A 鍵 → 演奏音階 Do
- 按 S 鍵 → 演奏音階 Re
- 依此類推

102

Chapter 6 小雞蛋蛋音符

我的創意規劃

請將您的創意想法填入下表中。

角色	1. 除了按下按鍵，還有何種方式讓角色播放音階呢？	2. 角色在播放音階或按下按鍵時可以如何變化呢？
Do		
Re		
Mi		
Fa		
So		
La		
Si		
高音 Do		

103

Scratch 3.0 程式積木創意玩

6-1 角色隨滑鼠游標切換造型

新增角色，遊戲開始時，角色顯示「雞蛋」的造型，當滑鼠碰到雞蛋時切換「蛋孵雞」的造型、當按下滑鼠時切換「小雞」的造型。

角色未碰到滑鼠	角色碰到滑鼠	按下滑鼠
雞蛋造型	蛋孵雞造型	小雞造型

6-1-1 偵測滑鼠游標

偵測角色是否碰到滑鼠游標	偵測是否按下滑鼠
碰到 鼠標▼ ？	滑鼠鍵被按下？
偵測角色是否碰到滑鼠游標、舞台邊緣或其他角色	偵測是否按下滑鼠

6-1-2 新增角色及複製角色

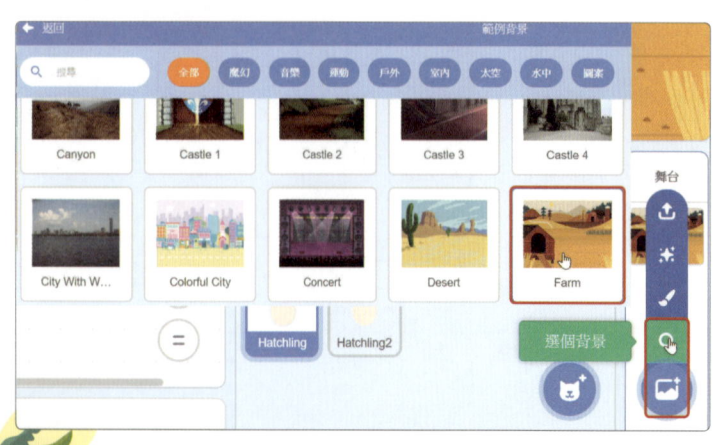

1. 開啟 Scratch 3，按【檔案 > 新建專案】。

2. 在舞台按 【選擇背景】，點選【Farm(農場)】。

Chapter 6 小雞蛋蛋音符

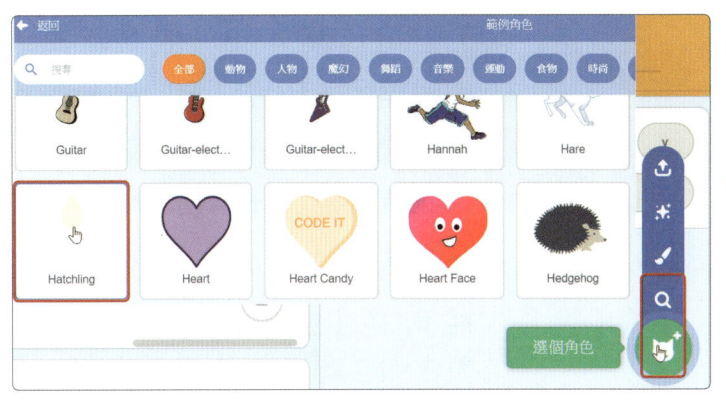

③ 點選【Sprite1(角色1)】的 ❌ 刪除角色。

④ 在 😺「選個角色」，按 🔍【選個角色】，點選【Hatchling(蛋孵雞)】。

⑤ 將角色名稱改為【Do】、尺寸改為【200】。

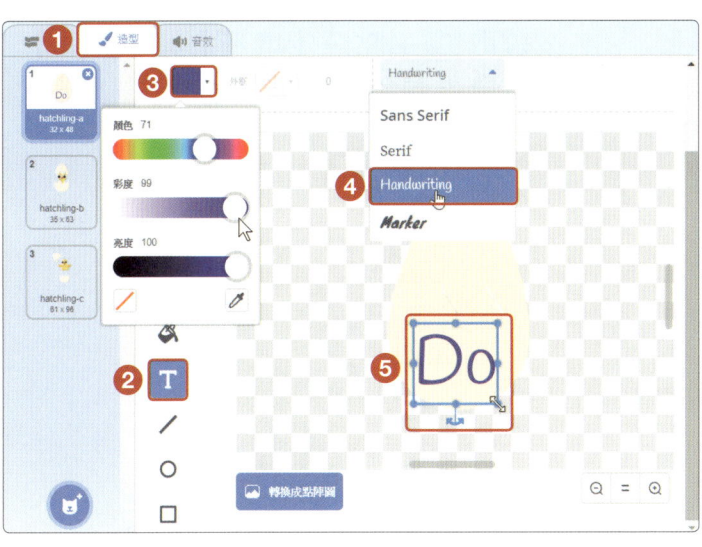

⑥ 按 ✏️造型，按 T，點選【填滿】，拖曳顏色。

⑦ 點選【字型】。

⑧ 在雞蛋下方輸入【Do】，再拖曳控點放大或縮小。

105

Scratch 3.0 程式積木創意玩

❾ 重複步驟 4~8，依序新增 7 個角色「Re」、「Mi」、「Fa」、「So」、「La」、「Si」、「高音 Do」，並排列角色在舞台的位置。

小小步

在角色【Do】按右鍵【複製】，能夠複製角色「造型」及所有「程式」。

小小步

造型或背景的 【文字】功能中，在字型點選【中文】可輸入中文字。

小小步

按選取 ，點選【填滿】與【外框】設計雞蛋顏色及外框顏色。

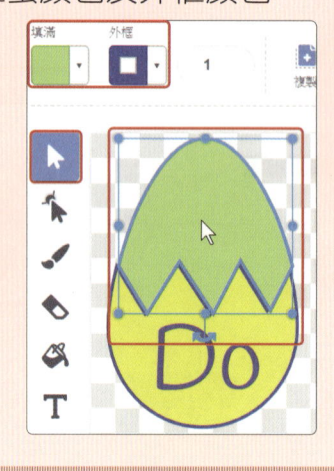

6-1-3 角色隨滑鼠游標切換造型

1. 點選【Do】，按 程式，拖曳 當▶被點擊 重複無限次 。

2. 按 外觀，拖曳 造型換成 hatchling-a▼，程式開始執行切換「雞蛋」造型。

3. 按 控制，拖曳 如果 那麼 。

4. 按 偵測，拖曳 碰到 鼠標▼ ? 。

5. 按 外觀，拖曳 造型換成 hatchling-a▼，點選【hatchling-b】，碰到滑鼠切換「蛋孵雞」造型。

6. 按 控制，拖曳 如果 那麼 到上一個 如果 那麼 的內層。

7. 按 偵測，拖曳 滑鼠鍵被按下? 。

8. 按 外觀，拖曳 造型換成 hatchling-a▼，點選【hatchling-c】，按下滑鼠切換「小雞」造型。造型。

小幫手

角色碰到滑鼠「且」按下滑鼠	角色碰到滑鼠「或」按下滑鼠
○ 如果放內層	✕ 如果放上下

只有 Do「碰到滑鼠而且要按下」，才切換小雞造型。

每個角色都「碰到滑鼠或按下滑鼠時」，全部角色都切換小雞造型。

❾ 點按 🏁，檢查小雞蛋蛋的造型是否正確。

未碰到滑鼠

碰到滑鼠

點擊滑鼠

108

6-2 演奏音階

當按下滑鼠時，角色「Do」演奏音階「Do」。

6-2-1 演奏音階功能

Scratch 3 演奏音階積木在 「添加擴展」中，新增 「音樂」積木之後能夠演奏音階，同時設定樂器種類與節拍等。

設定樂器種類	演奏音階
演奏樂器設為 (1) 鋼琴▼	演奏音階 60 0.25 拍
設定演奏音階的樂器種類，總共有 1～21 種選擇。	演奏音階 Do（60）0.25 拍。

做中學　　　　　　　　　　請同學自己練習做做看！

點擊下列積木、聽聽看，它們分別彈奏哪一個音符？

❶ 演奏音階 60 0.25 拍　　❷ 演奏音階 62 0.25 拍　　❸ 演奏音階 64 0.25 拍

小幫手

請開啟電腦喇叭，或檢查螢幕右下方喇叭是否開啟。

109

6-2-2 琴鍵與音階及簡譜對照

琴鍵與音階及簡譜對照表。

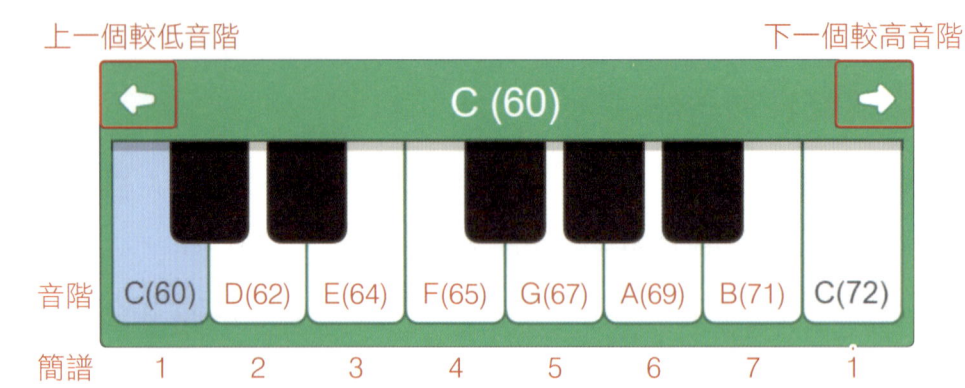

上一個較低音階　　　　　　　　　　　　　　下一個較高音階

C (60)

音階	C(60)	D(62)	E(64)	F(65)	G(67)	A(69)	B(71)	C(72)
簡譜	1	2	3	4	5	6	7	1

6-2-3 演奏音階

當按下滑鼠時，角色「Do」演奏音階「Do」。

① 按 「添加擴展」，點選【音樂】。

② 按 音樂，拖曳

演奏音階 60 0.25 拍 到

造型換成 hatchling-c 下方。

③ 點按 ▶，按下滑鼠，檢查是否演奏音階「Do」。

6-3 角色在舞台的定位

設定雞蛋開始的位置。

6-3-1 角色在舞台的位置

每個角色在舞台的位置會顯示在「角色區的 x 與 y 座標」、「定位到 x,y」與「滑行 1 秒到 x,y」。

6-3-2 角色在舞台的定位

① 點選【Do】，按 動作 ，拖曳 定位到 x: -202 y: -126 到 當 ▶ 被點擊 下方。

111

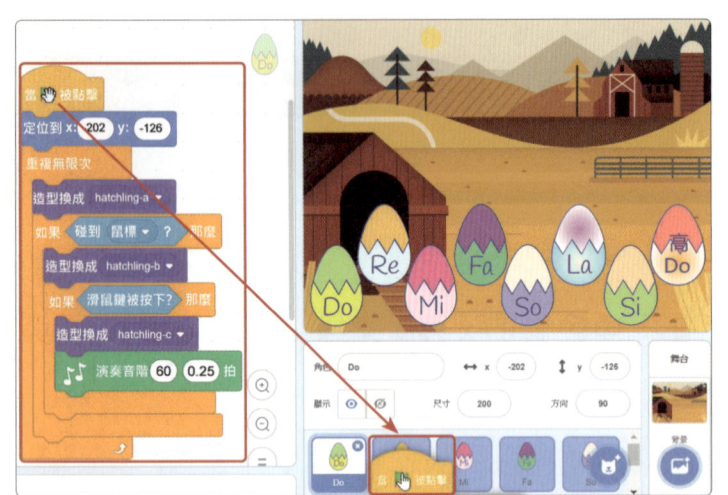

② 將「Do」積木複製到「Re」。

③ 將 `定位到 x: -202 y: -126` 改成舞台上的座標 (-145, -80)。

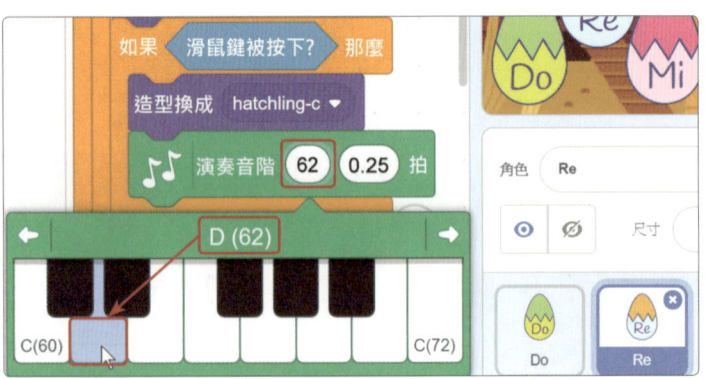

④ 點選 `演奏音階 60 0.25 拍` 音階，改成【D(62)】。

Chapter 6 小雞蛋蛋音符

5 重複步驟 2~4，更改「Mi」、「Fa」、「So」、「La」、「Si」、「高音 Do」每個角色的座標與音階，如下表：

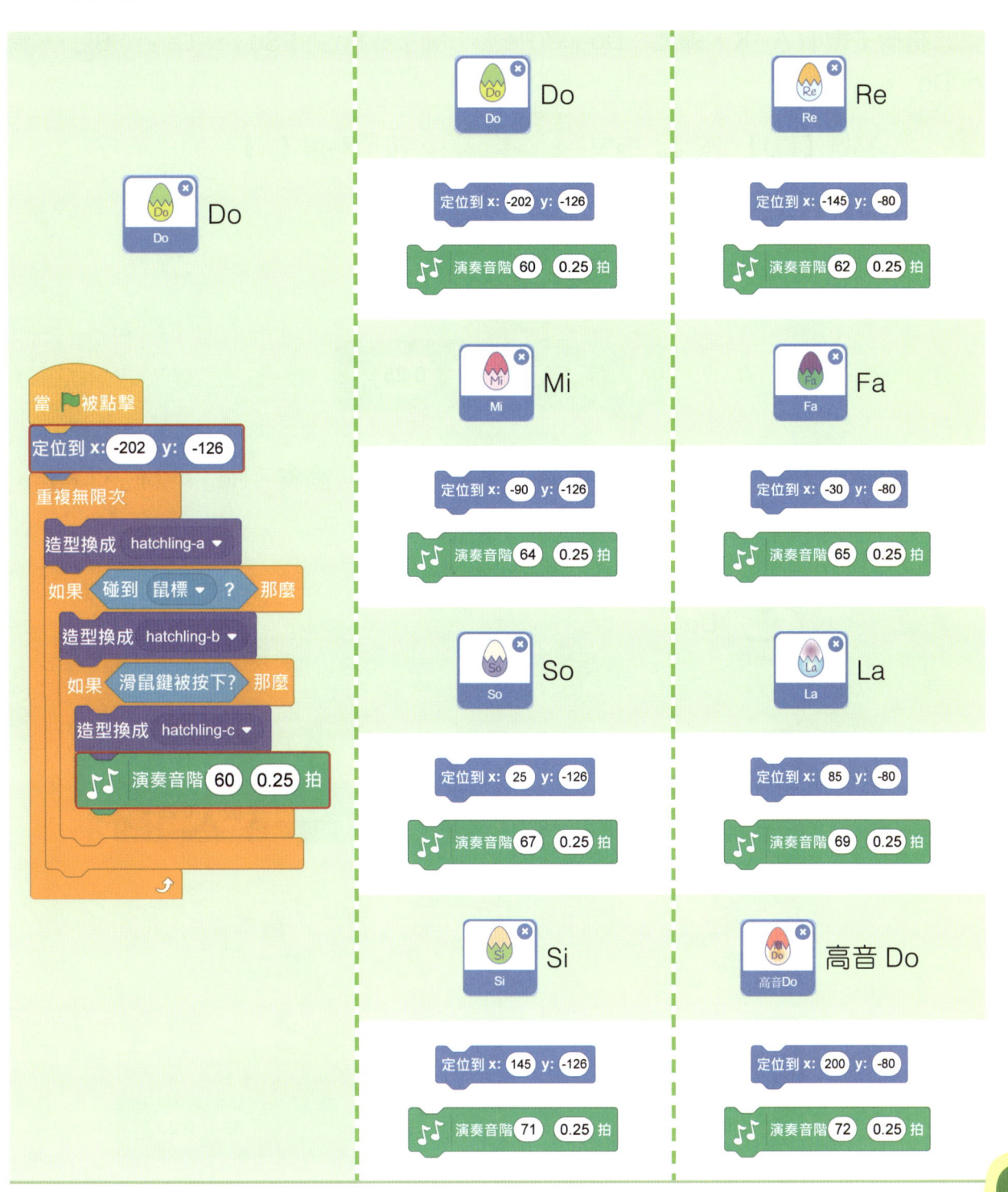

Do	Do	Re
當 ▶ 被點擊 定位到 x: -202 y: -126 重複無限次 　造型換成 hatchling-a 　如果 碰到 鼠標 ？ 那麼 　　造型換成 hatchling-b 　　如果 滑鼠鍵被按下？ 那麼 　　　造型換成 hatchling-c 　　　演奏音階 60 0.25 拍	定位到 x: -202 y: -126 演奏音階 60 0.25 拍	定位到 x: -145 y: -80 演奏音階 62 0.25 拍
	Mi	**Fa**
	定位到 x: -90 y: -126 演奏音階 64 0.25 拍	定位到 x: -30 y: -80 演奏音階 65 0.25 拍
	So	**La**
	定位到 x: 25 y: -126 演奏音階 67 0.25 拍	定位到 x: 85 y: -80 演奏音階 69 0.25 拍
	Si	**高音 Do**
	定位到 x: 145 y: -126 演奏音階 71 0.25 拍	定位到 x: 200 y: -80 演奏音階 72 0.25 拍

113

6-4 鍵盤當琴鍵演奏音階

當按下鍵盤 A~K，彈奏「Do」、「Re」、「Mi」、「Fa」、「So」、「La」、「Si」、「高音 Do」。

① 　點選【Do】，按 事件 拖曳 當 空白▼ 鍵被按下 ，按 ▼ 點選【a】。

② 按 音樂 ，拖曳 演奏音階 60 0.25 拍 。

　　　　當 a▼ 鍵被按下
　　　　演奏音階 60 0.25 拍

③ 仿照步驟 1~2，拖曳當按下鍵盤英文字「s~k」，彈奏「Re」、「Mi」、「Fa」、「So」、「La」、「Si」、「高音 Do」。

Do

當 a▼ 鍵被按下
演奏音階 60 0.25 拍

Re

當 s▼ 鍵被按下
演奏音階 62 0.25 拍

Mi

當 d▼ 鍵被按下
演奏音階 64 0.25 拍

Fa

當 f▼ 鍵被按下
演奏音階 65 0.25 拍

Chapter 6 小雞蛋蛋音符

So	La
當 g 鍵被按下 演奏音階 67 0.25 拍	當 h 鍵被按下 演奏音階 69 0.25 拍
Si	高音 Do
當 j 鍵被按下 演奏音階 71 0.25 拍	當 k 鍵被按下 演奏音階 72 0.25 拍

④ 按 🚩，再按鍵盤英文字「a~k」，檢查是否彈奏「Do」、「Re」、「Mi」、「Fa」、「So」、「La」、「Si」、「高音 Do」。

課後練習

一、選擇題

1. (　) 下列哪一個積木可以偵測「角色的視訊方向」？
   (A) 角色 的視訊 方向
   (B) 角色 的視訊 動作
   (C) 當視訊動作 > 10
   (D) 視訊透明度設為 50

2. (　) 如果想要演奏音階「Do」應該使用哪一個積木？
   (A) 演奏樂器設為 (1) 鋼琴
   (B) 演奏速度設為 60
   (C) 演奏音階 60 0.25 拍
   (D) 演奏速度改變 20

3. (　) 下列哪一個積木可以偵測「鍵盤」是否按下按鍵？
   (A) 空白 鍵被按下？
   (B) 當 空白 鍵被按下
   (C) 當 向下 鍵被按下
   (D) 以上皆可

4. (　) 右圖積木敘述何者「不正確」？
   (A) 碰到滑鼠切換「hatchling-b」造型
   (B) 按下滑鼠切換「hatchling-c」造型
   (C) 碰到滑鼠切換「hatchling-a」造型
   (D) 未碰到滑鼠是「hatchling-a」造型

5. (　) 下圖哪一個琴鍵演奏音階「Re」？
   (A) A　　(B) B　　(C) C　　(D) D

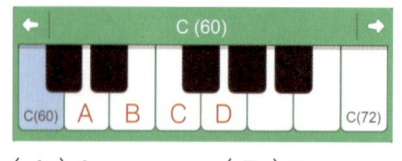

課後練習

二、動動腦

1. 請利用 `播放音效 Meow▼` 設計程式開始執行時，先播放音效。

操作提示：按 `🔊音效`，新增音效。

AI 能力大躍進

請輸入下列網址，在 Scratch 3 的擴展功能中新增 AI 臉部偵測積木，以「視訊鏡頭」偵測臉部動作，利用臉部動作演奏音階。

AI 視訊偵測	AI 偵測到臉部動作時開始執行程式
Face Sensing 臉部偵測	`when smile▼ detected` 當偵測到微笑 (smile) 或揚眉 (eyebrow raise) 時開始執行程式。

117

AI 能力大躍進

① 開啟瀏覽器,輸入網址【https://playground.raise.mit.edu/create/】。

② 點擊【檔案】的【從你的電腦挑選】,點選【ch6 小雞蛋蛋音符】,再按【開啟】。

③ 點擊【添加擴展】。

④ 再點選【Face Sensing】(臉部偵測)。

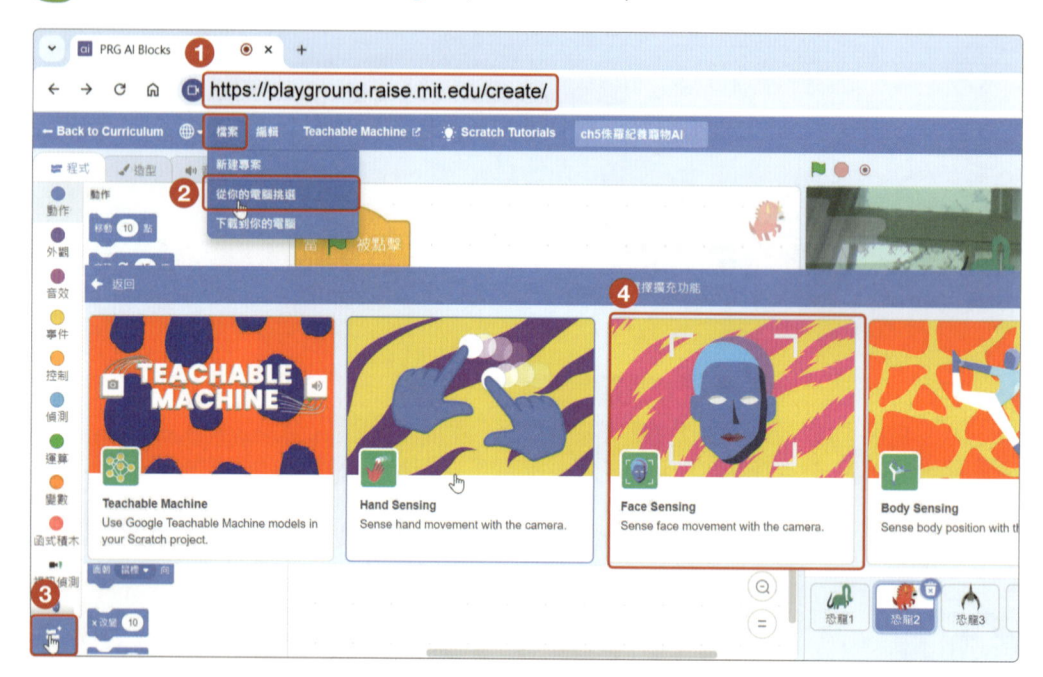

⑤ 點擊【Do】角色,將「當 a 鍵被按下演奏音階 60」的程式,設計成「當偵測到揚眉的動作時,演奏音階 60」。再面對視訊鏡頭揚眉,演奏音階 Do。

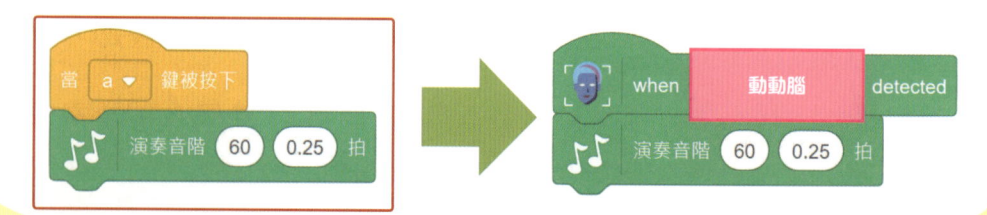

學習要點

金頭腦快遞

7

1. Scratch 算術運算
2. 提出問題詢問與答案
3. 邏輯判斷對錯
4. 畫筆顏色與寬度
5. 倒數計時
6. 自訂函式積木

課前操作

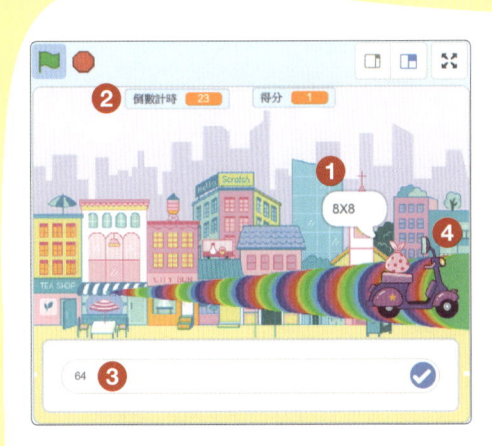

本章將設計金頭腦快遞程式。程式開始電腦開始詢問出題，倒數計時 60 秒，答對得一分、同時摩托車往前移動留下彩色筆跡；答錯倒扣 1 分，並告知正確答案。

請開啟範例檔【ch7 金頭腦快遞 .sb3】，點擊 🏁，動手操作【金頭腦快遞】程式，並觀察下列動作：

1. 開始出題
2. 倒數計時
3. 輸入答案
4. 答對得分摩托車往右移動留下筆跡

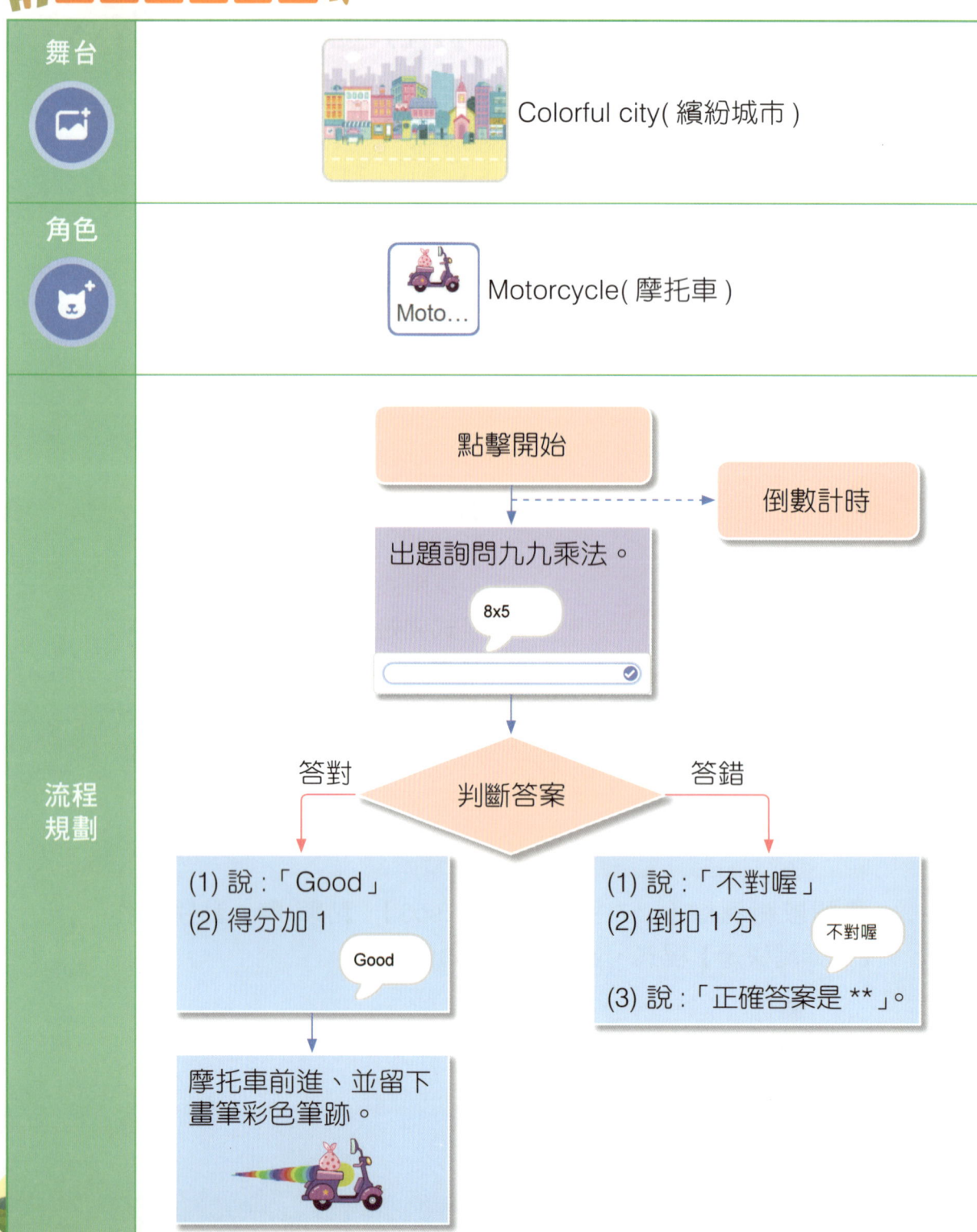

Scratch 3.0 程式積木創意玩

腳本流程規劃

舞台	Colorful city（繽紛城市）
角色	Motorcycle（摩托車）
流程規劃	點擊開始 → 倒數計時 出題詢問九九乘法。 8x5 判斷答案 答對 → (1) 說：「Good」　(2) 得分加 1 → 摩托車前進、並留下畫筆彩色筆跡。 答錯 → (1) 說：「不對喔」　(2) 倒扣 1 分　(3) 說：「正確答案是 **」。

120

Chapter 7 金頭腦快遞

我的創意規劃

請將您的創意想法填入下表中。

創意想法	摩托車角色
1. 除了九九乘法，還可以詢問哪些類型的題目呢？	
2. 答對時，可以設計哪些劇情呢？	
3. 答錯時，可以設計哪些劇情呢？	

7-1 算術運算

算術運算包括：加、減、乘、除四則運算、四捨五入、餘數等功能。

算術運算	數學符號	運算積木	範例	結果
加	+	◯ + ◯	9 + 3	
減	-	◯ - ◯	9 - 3	
乘	×	◯ * ◯	9 * 3	
除	÷	◯ / ◯	9 / 3	
四捨五入	≒	四捨五入數值 ◯	四捨五入數值 9.2	
餘數	mod	◯ 除以 ◯ 的餘數	9 除以 2 的餘數	

做中學　😊 請同學自己練習做做看！

❶ 請輸入 Scratch 運算積木中「範例」的數值，再按一下積木執行，將結果填入上表「結果」。

7-2 詢問與答案

詢問出題與使用者輸入的答案。

偵測詢問與答案

偵測的「詢問」能夠提出問題，並等待使用者輸入答案。

詢問 What's your name? 並等待 與 詢問的答案 執行步驟

① 提出問題 詢問 請輸入通關密語? 並等待 。

② 鍵盤輸入答案：123。

③ 輸入的資料會儲存在 詢問的答案 。

④【詢問的答案 ＝123】。

小小步
勾選 ☑ 詢問的答案 ，在舞台顯示輸入的答案。

做中學　😊 請同學自己練習做做看！

② 請拖曳 詢問 請輸入通關密語? 並等待 ，並輸入「請輸入通關密語？」，再輸入「＊＊＊」，勾選【答案】，檢查舞台上的答案是否為輸入的【＊＊＊】。

資訊能力
☐ 我學會了：
詢問與答案。

7-3 設定變數隨機取數

程式開始時，摩托車詢問 (A×B) 開始出題，詢問九九乘法的題目，例如「5×8」，九九乘法題目由電腦隨機出題。

7-3-1 設定變數隨機值

九九乘法範圍從 1×1～9×9，由兩個數相乘，每次題目範圍在 1～9 之間，題目都不同，建立兩個變數 A 與 B 暫存題目的數值。

Chapter 7 金頭腦快遞

設定變數固定值	設定變數隨機值
變數 A▼ 設為 0	變數 A▼ 設為 隨機取數 1 到 9
【將變數 A 值設為 0】執行時會將 0 值，傳給變數 A 。 變數 A▼ 設為 0 ，就是「A=0」。	【將變數 A 值設為 1 到 9 隨機選一個數】執行時會將 1 到 9 隨機取一個值，傳給變數 A 。 所以，「A=1 或 A=2 或 A=3⋯或 A=9」。

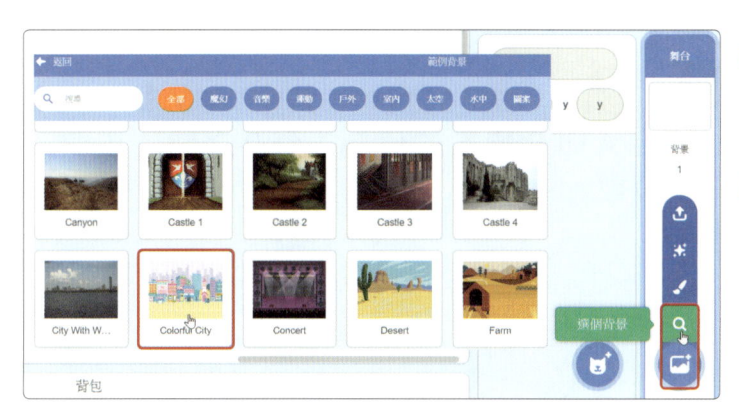

① 開啟 Scratch 3，按【檔案 > 新建專案】。

② 在舞台按 【選擇背景】，點選【Colorful City(繽紛城市)】。

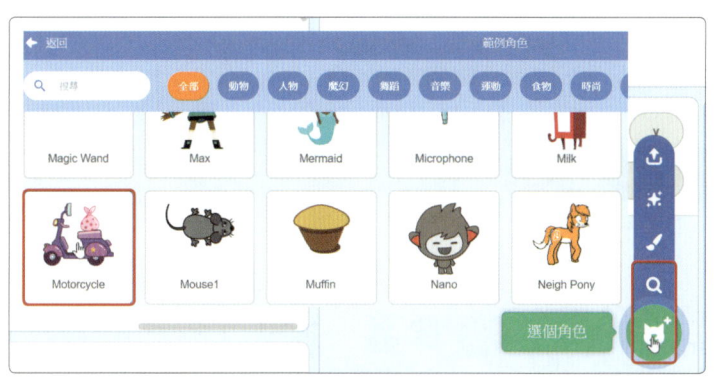

③ 點選【Sprite1(角色 1)】的 ✕ 刪除角色。

④ 在 「選個角色」，按 【選個角色】，點選【Motorcycle(摩托車)】。

⑤ 按 變數 ，點選 建立一個變數 ，輸入【A > 確定】。

⑥ 再點選 建立一個變數 ，輸入【B】。

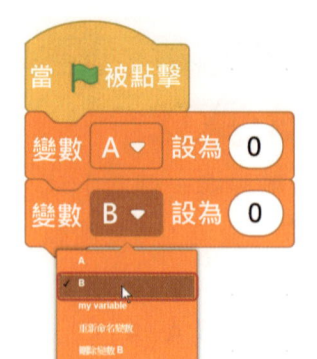

Scratch 3.0 程式積木創意玩

⑦ 按 事件，拖曳 當▶被點擊。

⑧ 按 變數，拖曳 2 個 變數 A▼ 設為 0，第二個點選【B】。

⑨ 按 運算，拖曳 2 個 隨機取數 1 到 10 到「0」的位置。

⑩ 輸入【1 到 9】。

小幫手
設定 A 與 B 變數的值為 1 到 9 之間隨機取一個數。

7-3-2 詢問出題

Motorcycly (摩托車) 詢問：「A x B」。

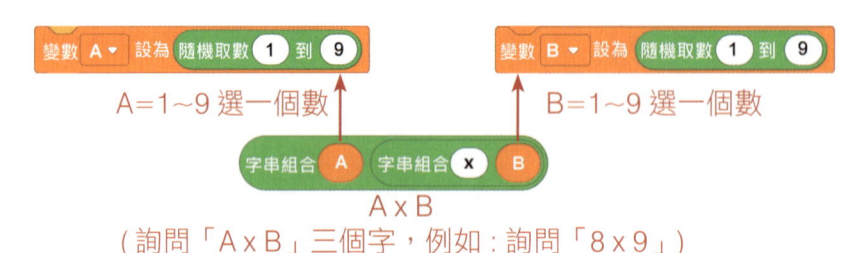

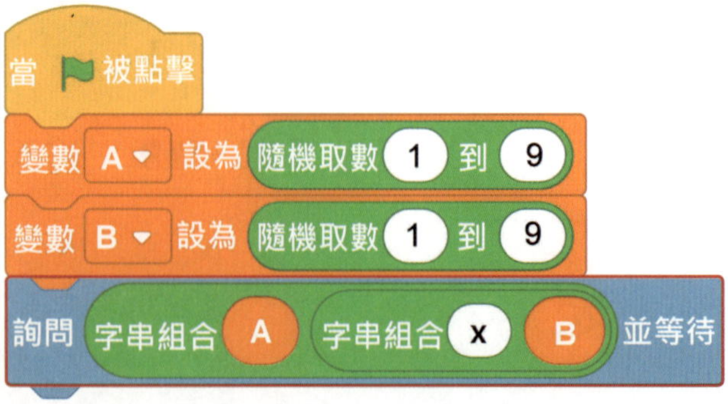

A=1~9 選一個數
B=1~9 選一個數
A x B
(詢問「A x B」三個字，例如：詢問「8 x 9」)

① 按 偵測，拖曳 詢問 What's your name? 並等待。

② 拖曳 2 個 字串組合 apple banana。

③ 按 變數，拖曳 A 到第 1 個「apple」。

④ 在第 2 個「apple」，輸入【x】。

⑤ 拖曳 B 到「banana」。

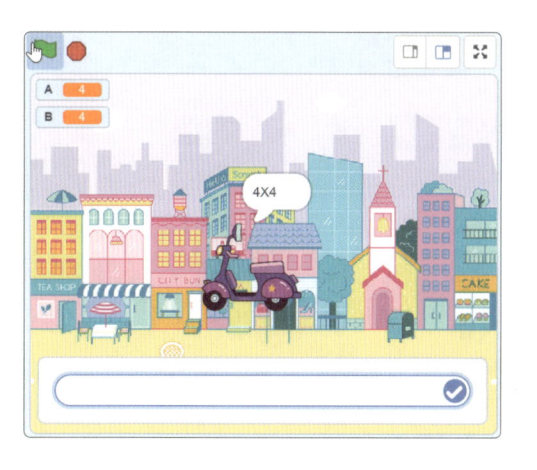

Chapter 7 金頭腦快遞

⑥ 按 🏁，檢查摩托車是否隨機出題 (4x4)。

資訊能力
☐ 我學會了：隨機出題。

7-4 判斷答案

如果「題目的答案」 A * B 等於「使用者輸入的答案」 詢問的答案 ，說：「Good」，否則說：「不對喔！」。

7-4-1 題目的文字與計算的答案

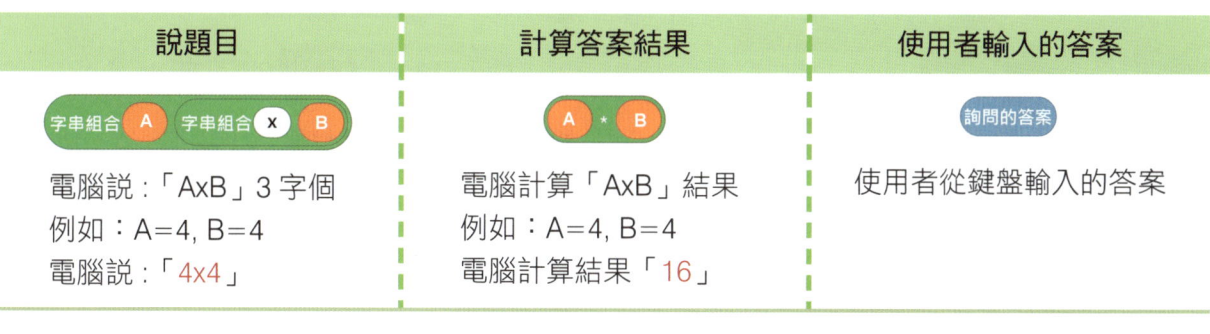

說題目	計算答案結果	使用者輸入的答案
字串組合 A 字串組合 x B	A * B	詢問的答案
電腦說：「AxB」3字個 例如：A＝4, B＝4 電腦說：「4x4」	電腦計算「AxB」結果 例如：A＝4, B＝4 電腦計算結果「16」	使用者從鍵盤輸入的答案

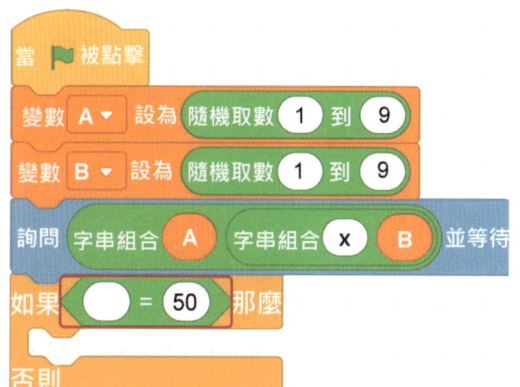

① 按 控制，拖曳 如果 那麼 否則 到「詢問」下方。

② 按 運算，拖曳 ⬡=50 到「如果」的條件位置。

Scratch 3.0 程式積木創意玩

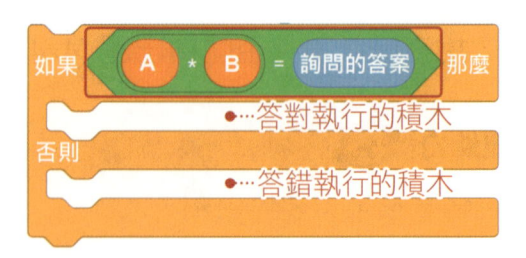

③ 拖曳 A * B 到「＝」左邊。

④ 拖曳 詢問的答案 到「＝」右邊。

⑤ 按 外觀，拖曳 說出 Hello! 持續 2 秒 到 如果 下一行，輸入【Good】，【0.5】秒。

⑥ 拖曳 說出 Hello! 持續 2 秒 到 否則 下一行，輸入【不對喔!】，【0.5】秒。

7-4-2 說：「正確答案」

答錯時，電腦說：「正確答案是【A×B 的計算結果】」。

① 拖曳 說出 Hello! 持續 2 秒 到 說出 不對喔! 持續 0.5 秒 的下方。

② 拖曳 字串組合 apple banana 在「apple」輸入【正確答案是】，【0.5】秒。

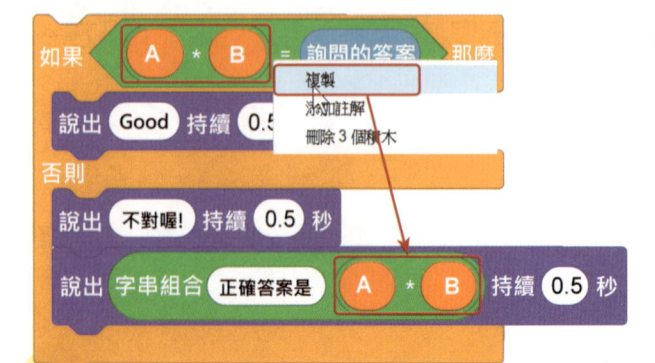

③ 複製 A * B 到「banana」位置。

126

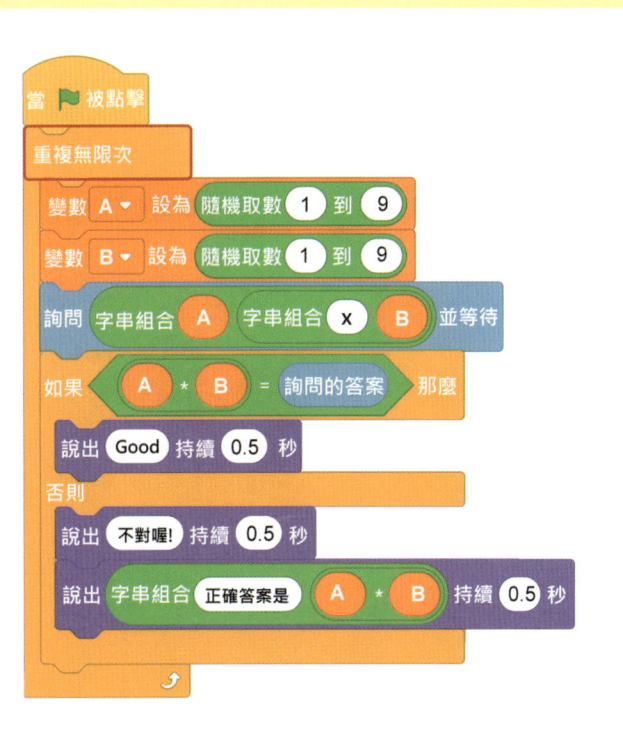

Chapter 7 金頭腦快遞

④ 按 控制，拖曳 重複無限次 到最外層，重複出題。

⑤ 按 ▶，摩托車隨機出題、輸入「答案」，檢查答案判斷結果是否正確。

7-5 計算得分

建立變數「得分」，答對「得分加 1」，答錯「得分扣 1」。

計算得分

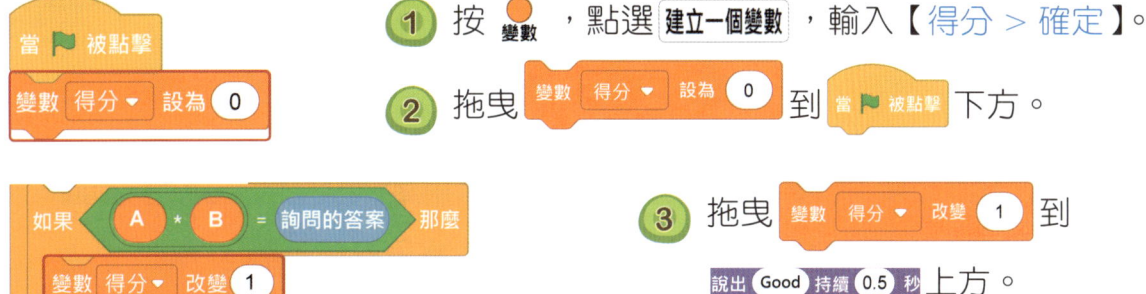

① 按 變數，點選 建立一個變數，輸入【得分 > 確定】。

② 拖曳 變數 得分 設為 0 到 當 ▶ 被點擊 下方。

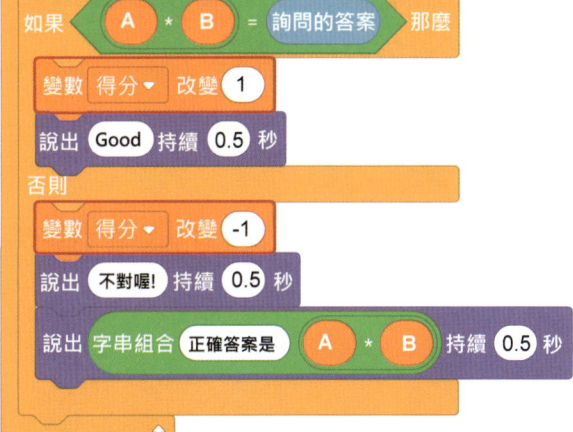

③ 拖曳 變數 得分 改變 1 到 說出 Good 持續 0.5 秒 上方。

④ 拖曳 變數 得分 改變 1 到 說出 不對喔! 持續 0.5 秒 上方，輸入【-1】。

資訊能力

☐ 我學會了：計分。

Scratch 3.0 程式積木創意玩

小幫手

1. 變數在舞台顯示或隱藏：

勾選變數，在舞台顯示或利用「變數顯示」	取消勾選，變數在舞台隱藏或利用「變數隱藏」

2. 在舞台按右鍵，設定變數顯示方式包括下列三種：

	一般顯示	大型顯示	滑桿

7-6 畫筆下筆

答對時，金頭腦快遞的摩托車往右移動，並留下畫筆彩色筆跡。

7-6-1 畫筆功能

Scratch 3 畫筆積木在 「添加擴展」中，新增 「畫筆」功能讓角色在舞台移動時留下筆跡。

Chapter 7 金頭腦快遞

畫筆功能

清除筆跡	開始畫	停止
筆跡全部清除	下筆	停筆
清除舞台上的筆跡及蓋章	角色移動時留下筆跡	角色移動時不留下筆跡

設定畫筆

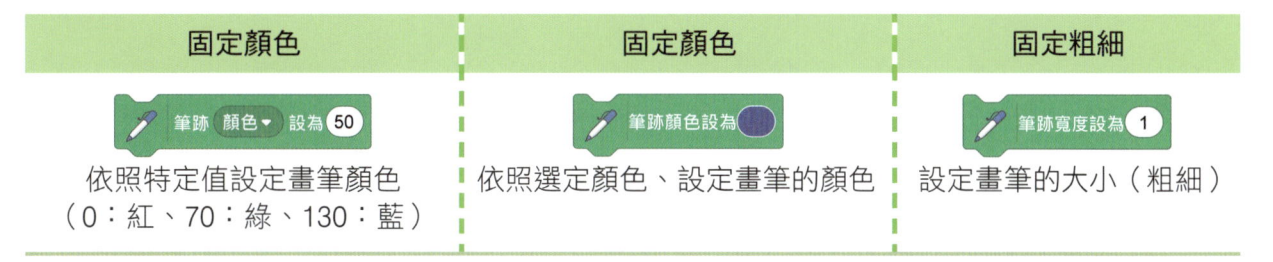

固定顏色	固定顏色	固定粗細
筆跡 顏色▼ 設為 50	筆跡顏色設為 ●	筆跡寬度設為 1
依照特定值設定畫筆顏色（0：紅、70：綠、130：藍）	依照選定顏色、設定畫筆的顏色	設定畫筆的大小（粗細）

改變畫筆

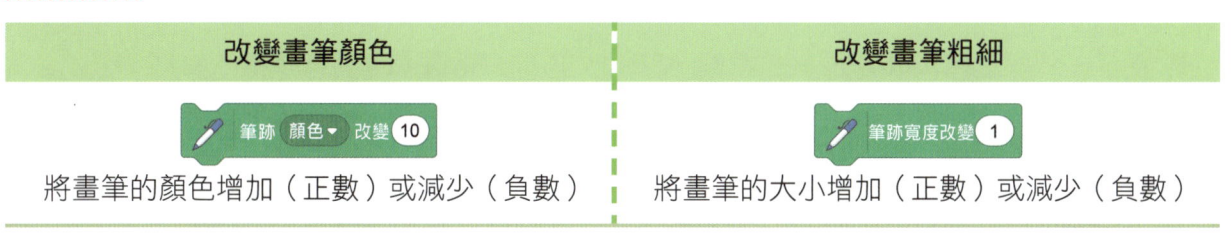

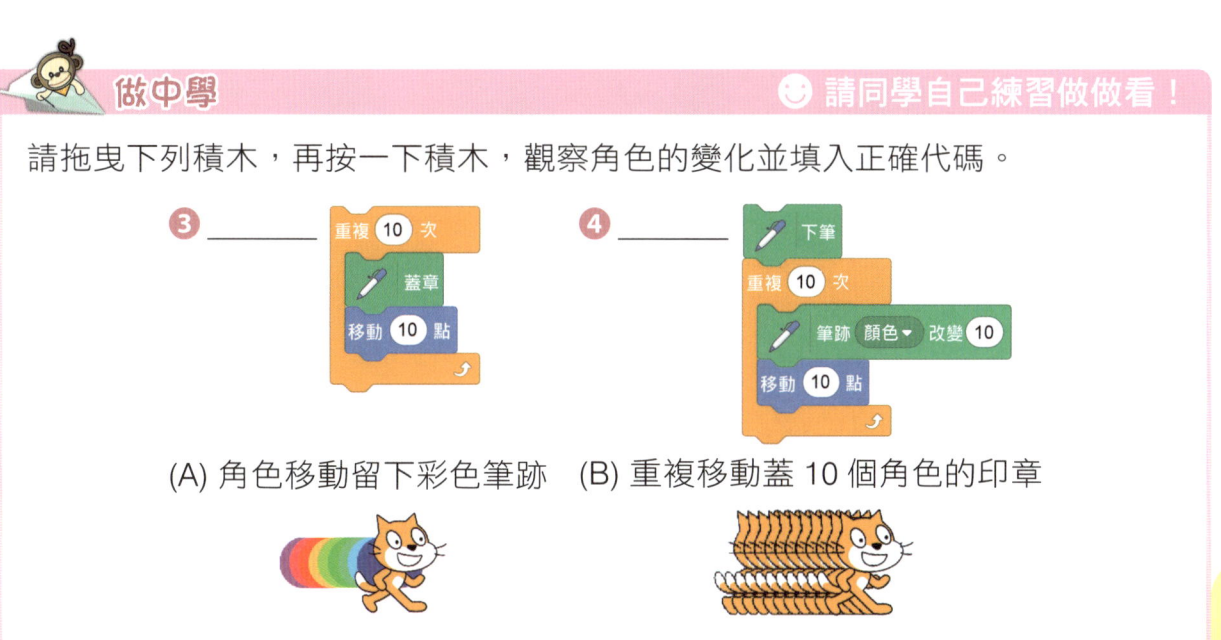

改變畫筆顏色	改變畫筆粗細
筆跡 顏色▼ 改變 10	筆跡寬度改變 1
將畫筆的顏色增加（正數）或減少（負數）	將畫筆的大小增加（正數）或減少（負數）

做中學　　　　　　　　　　　請同學自己練習做做看！

請拖曳下列積木，再按一下積木，觀察角色的變化並填入正確代碼。

❸ _____ 重複 10 次 / 蓋章 / 移動 10 點

❹ _____ 下筆 / 重複 10 次 / 筆跡 顏色▼ 改變 10 / 移動 10 點

(A) 角色移動留下彩色筆跡　　(B) 重複移動蓋 10 個角色的印章

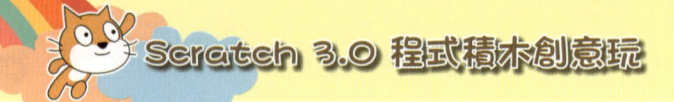

7-6-2 自訂函式積木

Scratch 3 的 函式積木 經由 建立一個積木 自訂函式積木。

建立積木	定義執行的積木
移動	定義 移動
拖曳「移動」就可以執行右側「定義移動」的所有積木功能。	在「定義移動」積木下方，堆疊要執行的積木。

做中學　　　　　　　　　請同學自己練習做做看！

❺ 請在 函式積木 「函式積木」建立一個積木，輸入【移動】，定義移動的功能包括 (1) 設定迴轉方式為左-右；(2) 面朝 90；(3) 定位到 x: -160，y: -40。再拖曳「當按下空白鍵時，執行移動功能」，如下圖所示，按下空白鍵，檢查摩托車是否面朝右並移到舞台左側。

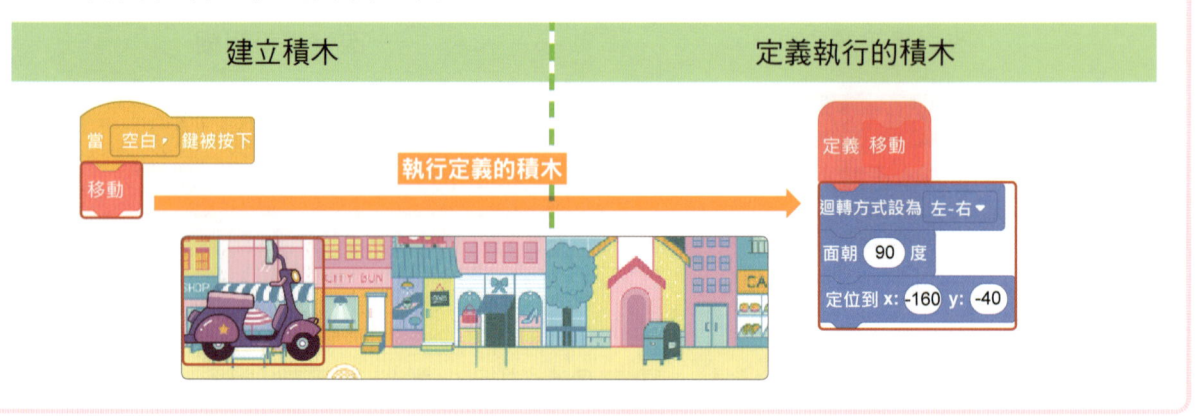

建立積木	定義執行的積木
當 空白 鍵被按下 移動	定義 移動 迴轉方式設為 左-右 ▼ 面朝 90 度 定位到 x: -160 y: -40

執行定義的積木

7-6-3 角色移動畫筆下筆

答對時，金頭腦快遞的摩托車往右移動，並留下畫筆彩色筆跡。

1. 按 函式積木，點選 建立一個積木，輸入【移動 > 確定】。

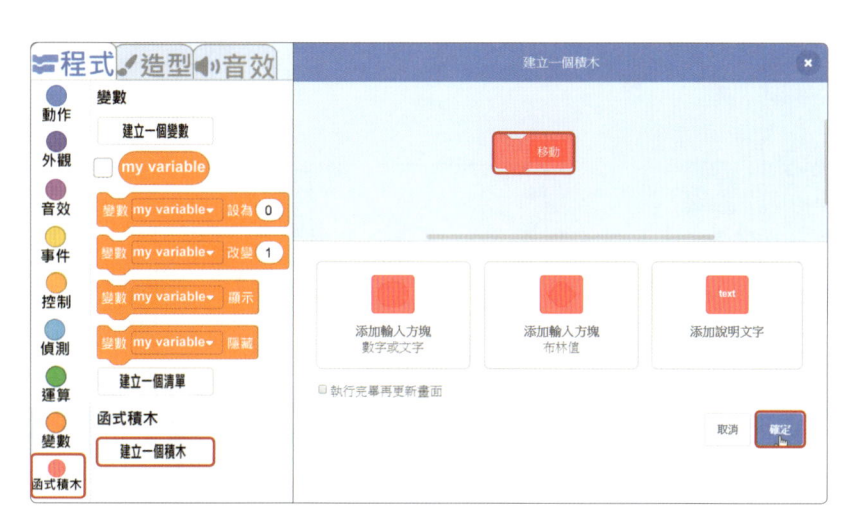

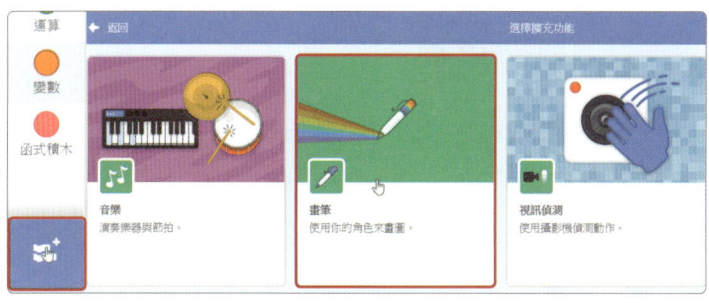

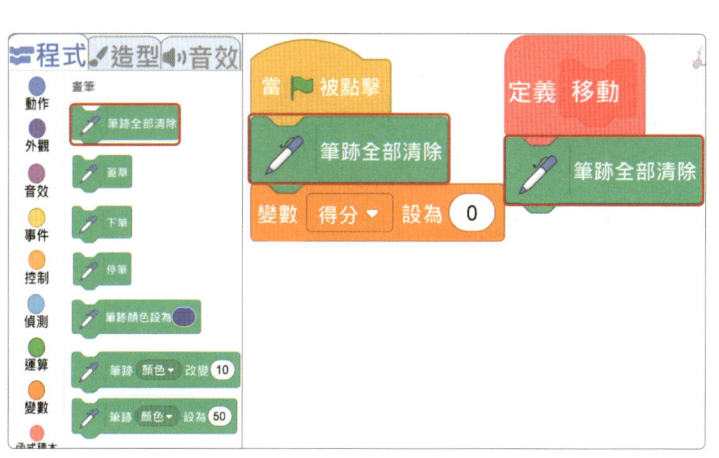

2. 按 「添加擴展」，點選【畫筆】。

3. 按 畫筆，拖曳 2 個 筆跡全部清除 到 當 ▶ 被點擊 下方 與 定義 移動 下方。

Scratch 3.0 程式積木創意玩

④ 按 [Motorcycle]，摩托車預設面朝左，點選 [造型]，將 4 個造型【橫向翻轉】，讓摩托車面朝右。

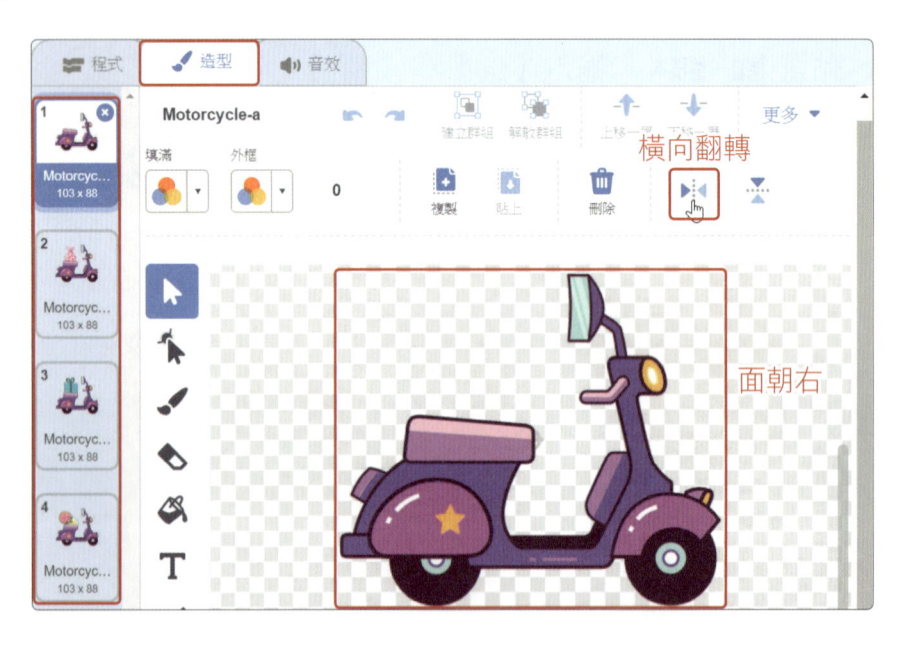

⑤ 按 [程式]，點選 [動作]，拖曳 [迴轉方式設為 左-右▼] 與 [面朝 90 度]。

⑥ 拖曳 [定位到 x: 0 y: 0]，輸入 x【-160】, y【-40】。

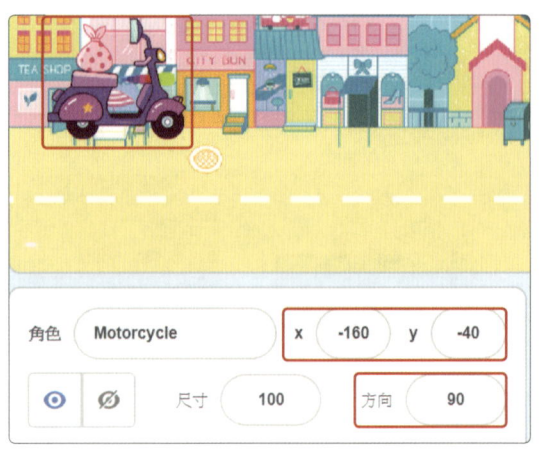

小幫手

當程式開始執行時，先清除所有筆跡，摩托車定位到螢幕左方、面朝 90 度（向右）。

Chapter 7 金頭腦快遞

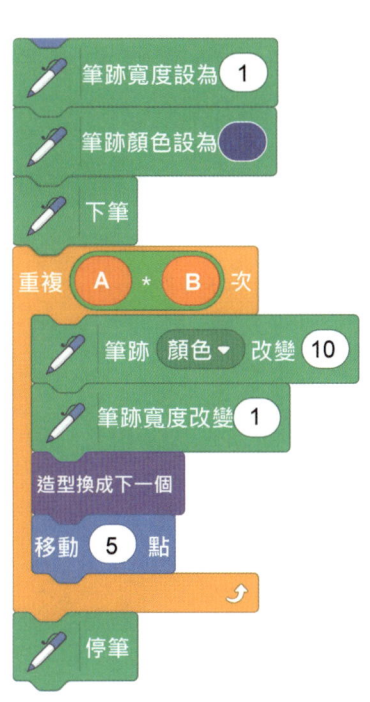

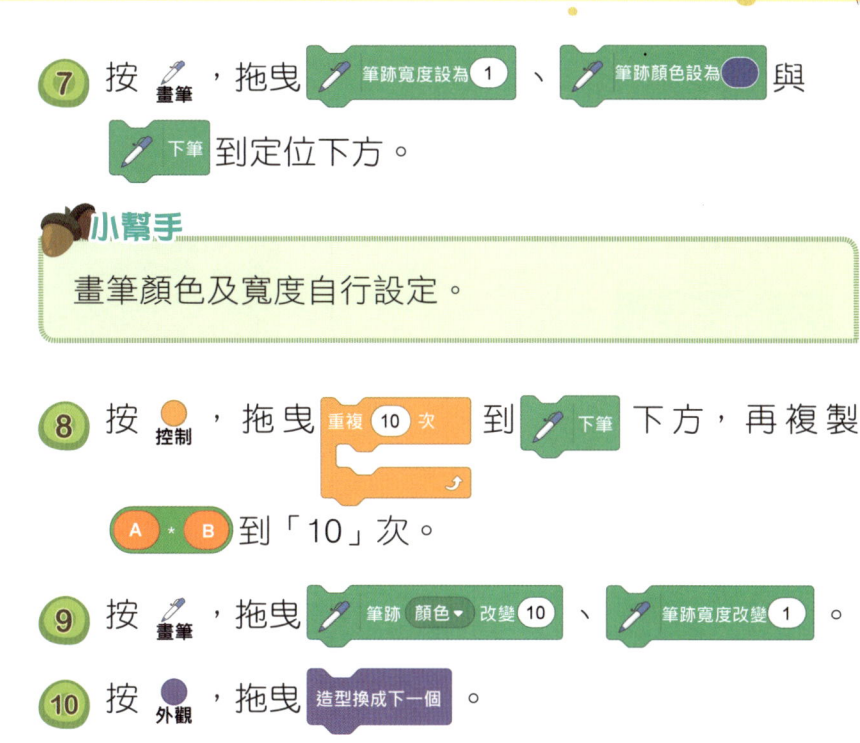

⑦ 按 `畫筆`，拖曳 `筆跡寬度設為 1`、`筆跡顏色設為 ●` 與 `下筆` 到定位下方。

小幫手
畫筆顏色及寬度自行設定。

⑧ 按 `控制`，拖曳 `重複 10 次` 到 `下筆` 下方，再複製 `A * B` 到「10」次。

⑨ 按 `畫筆`，拖曳 `筆跡 顏色▼ 改變 10`、`筆跡寬度改變 1`。

⑩ 按 `外觀`，拖曳 `造型換成下一個`。

⑪ 按 `動作`，拖曳 `移動 10 點` 或 `x 改變 10`，輸入【5】。

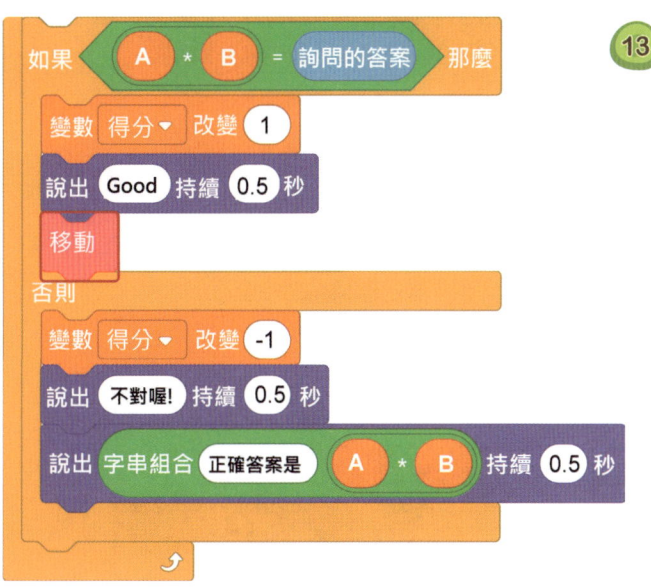

⑫ 拖曳 `停筆` 到重複的下方。

⑬ 按 `函式積木`，拖曳 `移動` 到 `說出 Good 持續 0.5 秒` 下方，答對時，摩托車移動九九乘法結果的距離。

Scratch 3.0 程式積木創意玩

14 按 🏁，輸入正確答案，檢查：(1) 摩托車往右移動時，是否畫筆寬度愈來愈大；(2) 改變顏色；(3) 移動距離隨著九九乘法的結果變動；(4) 移動時改變造型。

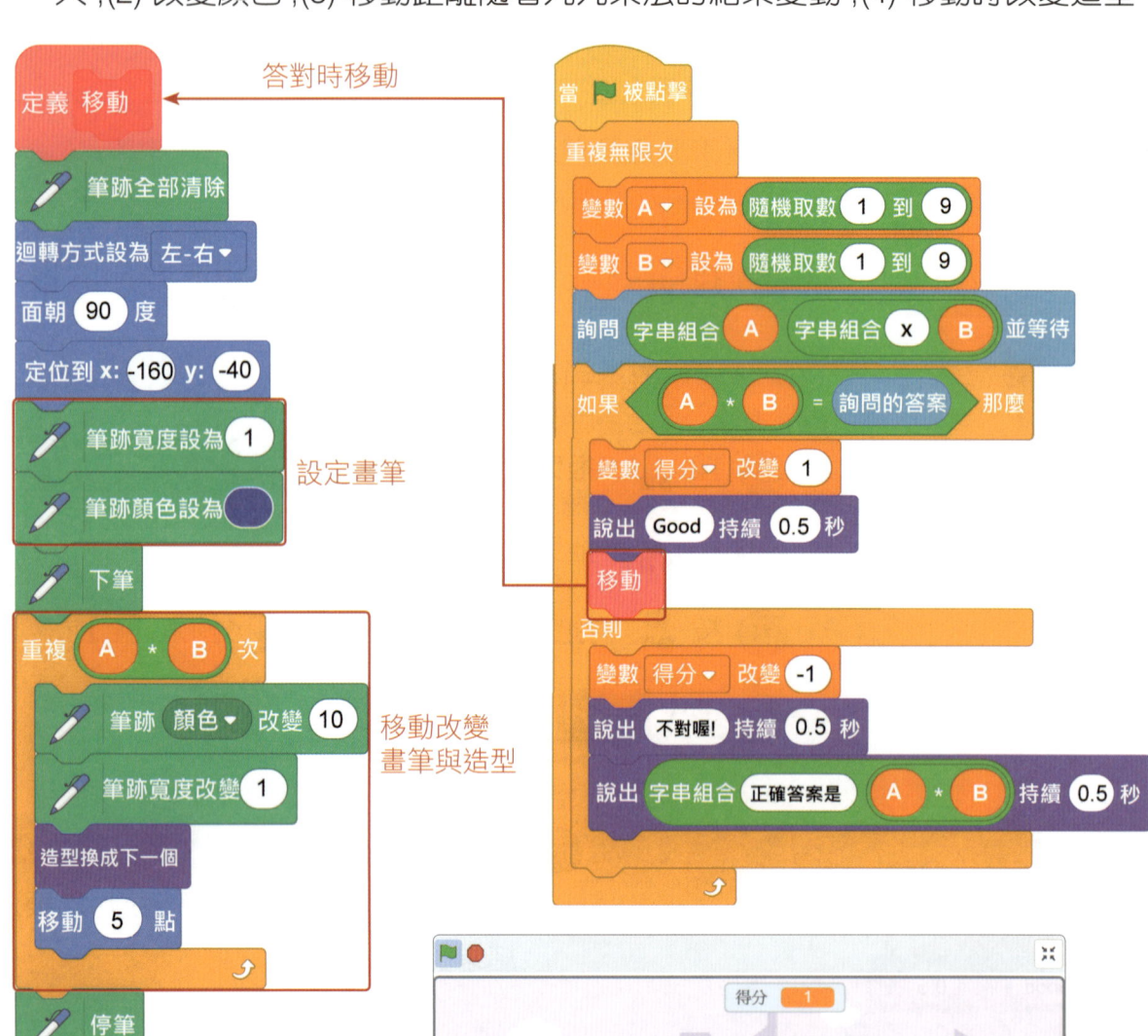

定義 移動

- 筆跡全部清除
- 迴轉方式設為 左-右
- 面朝 90 度
- 定位到 x: -160 y: -40

設定畫筆
- 筆跡寬度設為 1
- 筆跡顏色設為 ■
- 下筆

移動改變畫筆與造型
- 重複 A * B 次
  - 筆跡 顏色 改變 10
  - 筆跡寬度改變 1
  - 造型換成下一個
  - 移動 5 點
- 停筆

答對時移動

當 🏁 被點擊
重複無限次
- 變數 A 設為 隨機取數 1 到 9
- 變數 B 設為 隨機取數 1 到 9
- 詢問 字串組合 A 字串組合 x B 並等待
- 如果 A * B = 詢問的答案 那麼
  - 變數 得分 改變 1
  - 說出 Good 持續 0.5 秒
  - 移動
- 否則
  - 變數 得分 改變 -1
  - 說出 不對喔! 持續 0.5 秒
  - 說出 字串組合 正確答案是 A * B 持續 0.5 秒

得分 1

1X2

134

Chapter 7 金頭腦快遞

7-7 答對時播放音效

7-7-1 新增音效的方式

Scratch 角色預設音效功能，在摩托車角色預設音效中，編輯音效，加入快播、慢播或回音等功能。

① 點選【音效】，按 🔊 或 🔍「選個音效」，選擇想加入的音效或使用預設音效。

② 點選快播或慢播等功能，再按 ▶【播放】，加入特效。

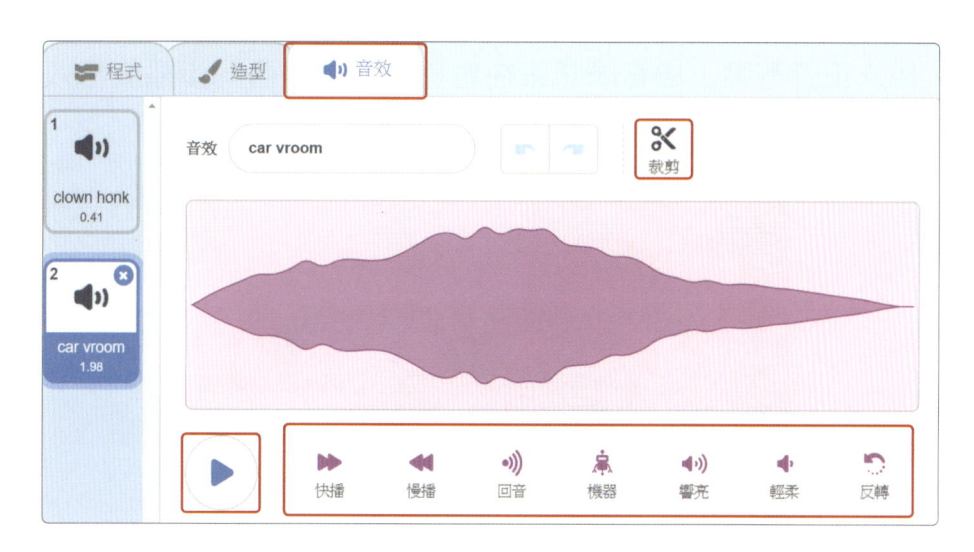

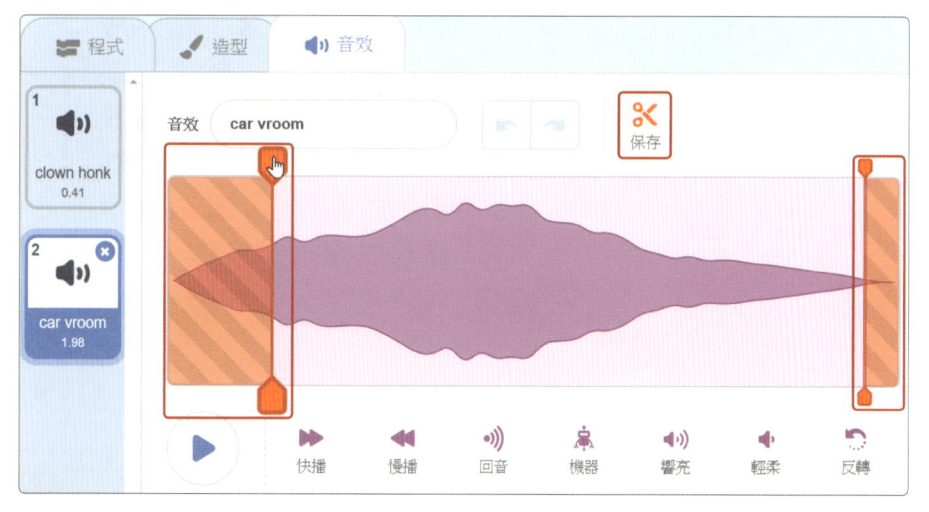

③ 按 ✂【裁剪】，拖曳【滑桿】，再按【保存】，刪除選取的音效。

135

Scratch 3.0 程式積木創意玩

7-7-2 答對時播放音效

答對時，摩托車移動，移動過程中同步播放音效。

① 按 `事件`，拖曳 `當 ▶ 被點擊`。

② 按 `控制`，拖曳 `重複無限次` 與 `如果 那麼`。

③ 在 `A * B = 詢問的答案` 按右鍵，【複製】，如果答對。

④ 按 `音效`，拖曳 `播放音效 clown honk▼ 直到結束`，點選【car vroom】。

⑤ 按 ▶，輸入正確答案，檢查摩托車往右移動時，是否同步播放音效。

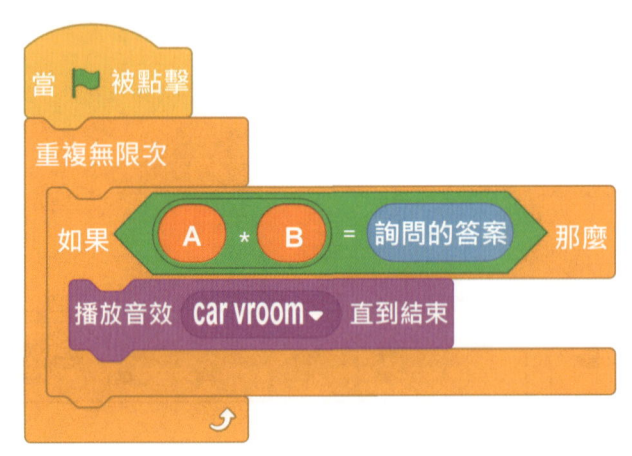

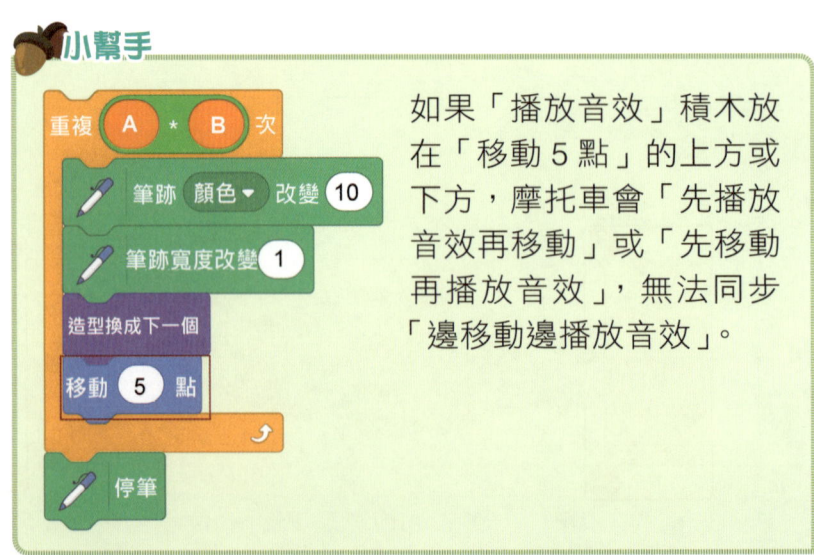

小幫手

如果「播放音效」積木放在「移動 5 點」的上方或下方，摩托車會「先播放音效再移動」或「先移動再播放音效」，無法同步「邊移動邊播放音效」。

7-8 倒數計時

倒數計時 60 秒。

7-8-1 重複執行直到

重複執行直到

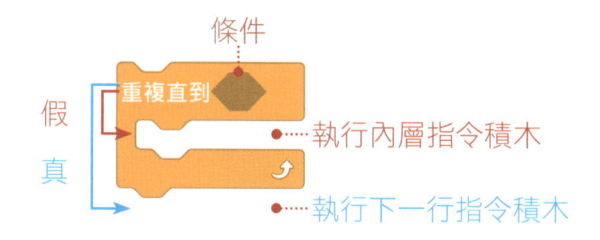

條件
假
真
重複直到 ◆
……執行內層指令積木
……執行下一行指令積木

重複「倒數計時」直到「倒數計時 =0」

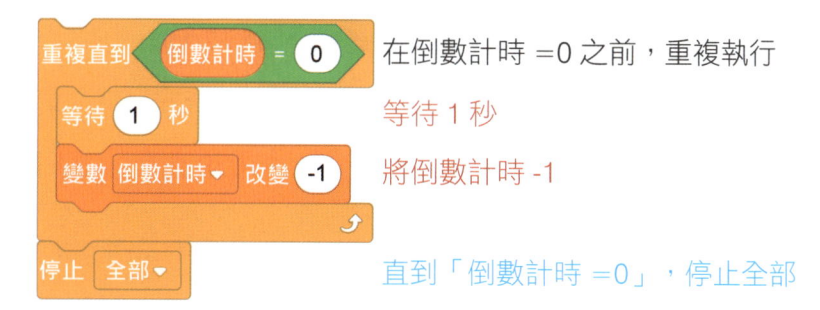

重複直到 倒數計時 = 0	在倒數計時 =0 之前，重複執行
等待 1 秒	等待 1 秒
變數 倒數計時▼ 改變 -1	將倒數計時 -1
停止 全部▼	直到「倒數計時 =0」，停止全部

7-8-2 倒數計時

倒數計時 60 秒。

當 ▶ 被點擊
變數 倒數計時▼ 設為 60

① 按 ●變數，點選 建立一個變數，輸入【倒數計時 > 確定】。

② 點選【舞台】，拖曳 當 ▶ 被點擊 和 變數 倒數計時▼ 設為 0，輸入【60】。

小小步

倒數計時可以寫在任何角色或舞台。

Scratch 3.0 程式積木創意玩

> **小小步**
> 倒數計時從 60 秒開始，每次「改變 -1 秒」，直到「倒數計時 =0」才停止。

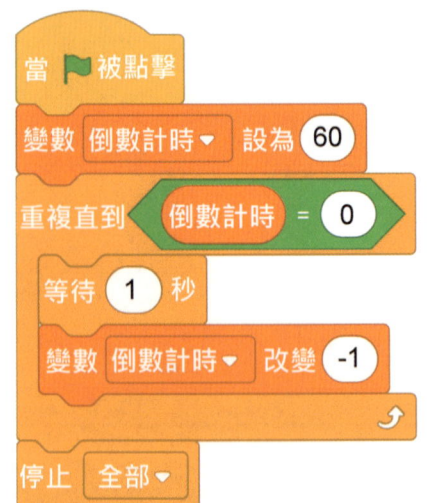

③ 按 控制，拖曳 重複直到 。

④ 按 運算，拖曳 ◯=50，拖曳 倒數計時 到「＝」左側，在右側輸入【0】。

⑤ 按 控制，拖曳 等待 1 秒 。

⑥ 按 變數，拖曳 變數 倒數計時 改變 1 到重複內層，輸入【-1】。

> **小小步**
> 每等待 1 秒，倒數計時減 1。

⑦ 拖曳 停止 全部 到「重複直到」的下一行。

> **小小步**
> 倒數結束停止所有程式。

資訊能力
☐ 我學會了：倒數計時。

課後練習

一、連連看

試著把下列 Scratch 積木的功能連連看。

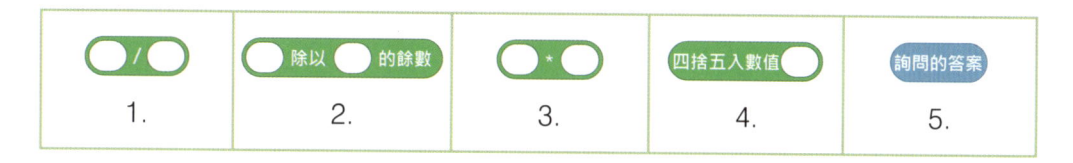

1. ( ) / ( )	2. ( ) 除以 ( ) 的餘數	3. ( ) * ( )	4. 四捨五入數值 ( )	5. 詢問的答案

A. 乘	B. 除	C. 四捨五入	D. 求餘數	E. 詢問輸入的答案

二、動動腦

1. 請將舞台上的變數調整為只顯示「得分」與「倒數計時」。

課後練習

2. 請利用 播放音效 Meow▼ 直到結束 或 播放音效 Meow▼ 設計「答對」與「答錯」時，分別播放不同的音效。

操作提示：先新增兩種音效。

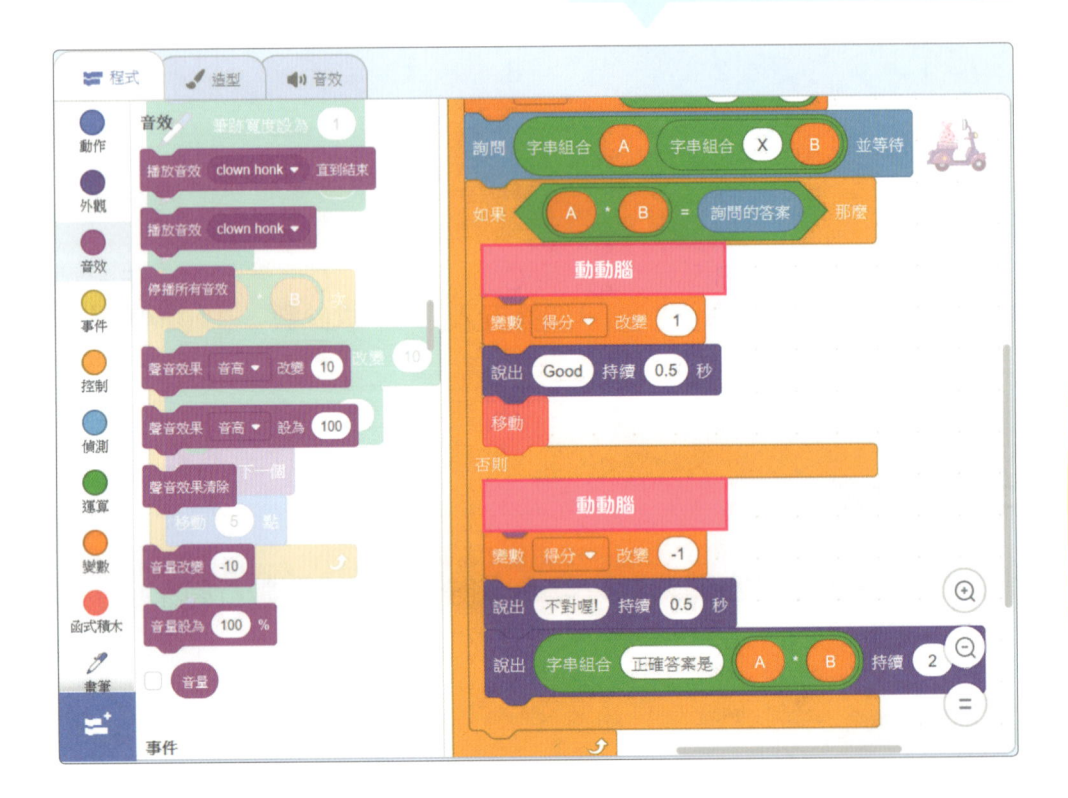

學習要點

多國語言翻譯機 ⑧

1. 將文字翻譯為各國語言文字
2. 將文字翻譯為各國語言語音
3. 角色廣播訊息

課前操作

本章將設計多國語言翻譯機程式。舞台上「中文」、「日文」及「法文」三種語言翻譯機,當按下翻譯機時,「輸入英文」、「唸出英文」語音、「唸出各國語言翻譯」語音,並在舞台說出「各國語言文字」。

請開啟範例檔【ch8 多國語言翻譯機.sb3】,點擊 🚩,再點擊角色,動手操作【多國語言翻譯機】程式,並觀察下列動作:

1. 輸入英文、唸出英文
2. 唸出日文
3. 翻譯成日文

Scratch 3.0 程式積木創意玩

腳本流程規劃

舞台	Concert(音樂會)
角色與流程規劃	**Sprite1** 點擊開始 → 說出：「請點選語言、輸入英文」、「我將唸出英文語音，並翻譯成中文、日文或法文」。 開始 → 詢問：「輸入英文翻譯成中文(日文或法文)」。 唸出「英文」語音。（語音） 說出：「日文(或法文)」文字。（說出） 唸出：「日文(或法文)」語音。（語音） **中文** 點擊中文角色 → 廣播訊息中文 TW **日文** 點擊日文角色 → 廣播訊息日文 JP **法文** 點擊法文角色 → 廣播訊息法文 FR

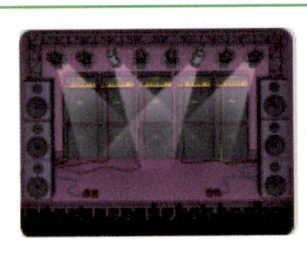

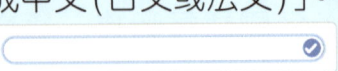

142

我的創意規劃

請將您的創意想法填入下表中。

創意想法	多國語言 1 角色	多國語言 2 角色
1. 除了點擊角色開始執行多國語言翻譯機的功能，還能使用何種方法開始執行程式？		
2. 除了中文、日文、法文，請設計其他語言翻譯機。		
3. 請設計唸出多國語言 1 與 2 的方法？ 唸出 hello		
4. 請設計說出多國語言 1 與 2 的方法？ 說出 Hello!		
5. 除了唸出與說出之外，多國語言翻譯機是否還有其他功能？ 文字 hello 翻譯成 阿爾巴尼亞文		

8-1 背景或造型中文字型

新增舞台背景與三種語言翻譯角色。

① 開啟 Scratch 3，按【檔案 > 新建專案】。

② 在舞台按 【選擇背景】，點選【Concert(音樂會)】。

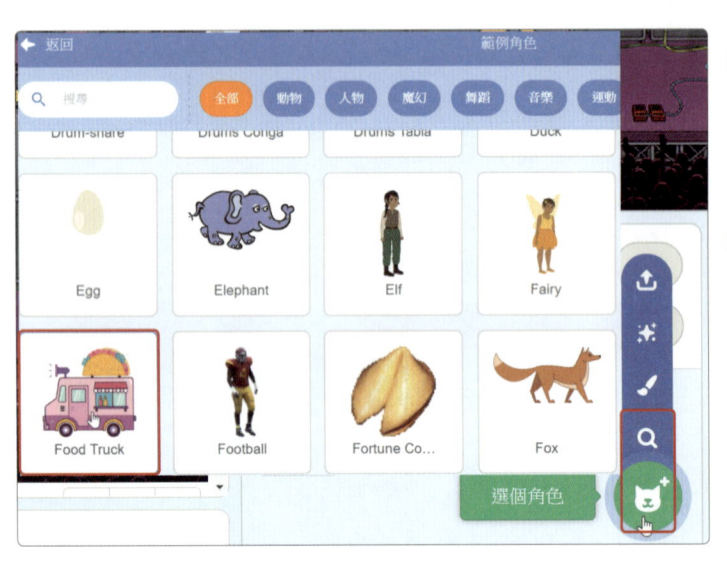

③ 角色的部分，按 或 【選個角色】，點選【Food Truck(餐車)】。

④ 輸入角色名稱【中文】、設定尺寸【50】。

⑤ 按 造型，點選 T 、【顏色】、【中文】字型、輸入【中文】。

⑥ 拖曳 控點，放大文字。

Chapter 8 多國語言翻譯機

⑦ 在中文角色按右鍵【複製】、新增第二個角色,輸入【日文】。

⑧ 點選第二個造型【Food Truck-b】,輸入【日文】。

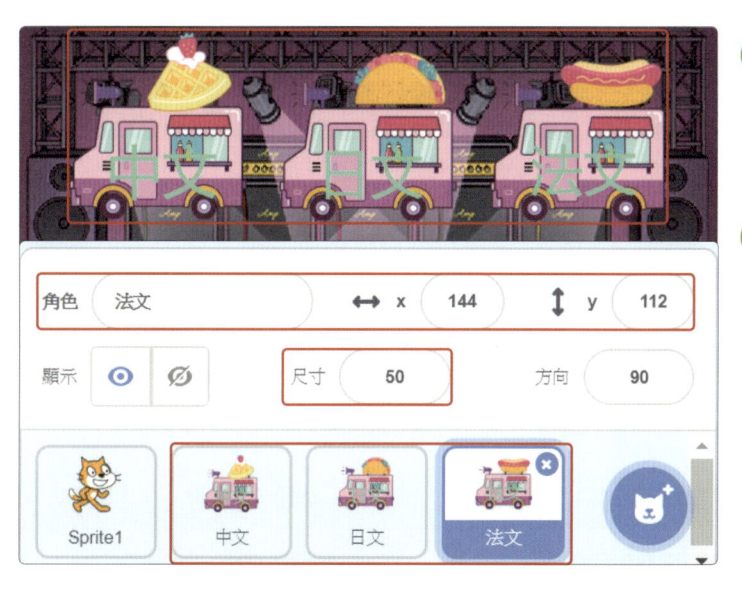

⑨ 重步驟 7~8,複製第三個角色,輸入【法文】、點選第三個造型【Food Truck-c】。

⑩ 調整三個角色在舞台的位置。

8-2 多元啟動

點擊角色廣播訊息,啟動程式執行。當中文角色被點擊、廣播訊息「中文 TW」;當日文角色被點擊、廣播訊息「日文 JP」;當法文角色被點擊、廣播訊息「法文 FR」。

① 點選【中文】角色。

② 按 事件 拖曳 當角色被點擊 。

③ 拖曳 廣播訊息 message1 ,按 ▼ ,輸入【中文 TW】。

145

④ 仿照步驟 1~3，當日文角色被點擊、廣播訊息「日文 JP」；當法文角色被點擊、廣播訊息「法文 FR」。

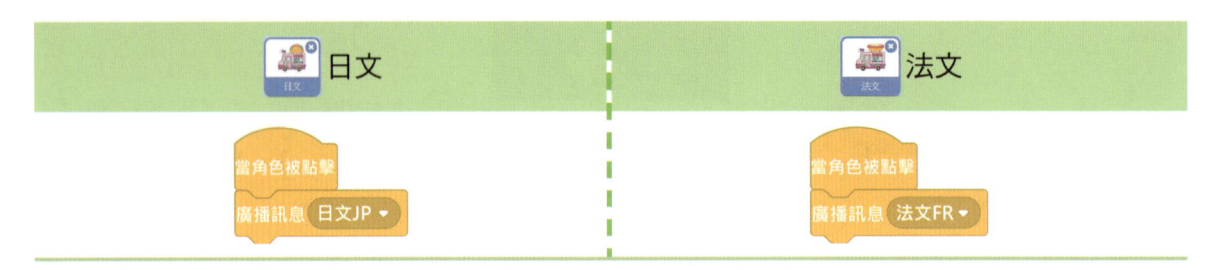

日文	法文
當角色被點擊 廣播訊息 日文JP ▼	當角色被點擊 廣播訊息 法文FR ▼

8-3 文字轉換成各國語言語音

小貓角色接收到「廣播訊息中文 TW」時，唸出輸入的英文語音。

8-3-1 將文字翻譯成各國語言語音

Scratch 3「文字轉語音」積木在 「添加擴展」中，新增 「文字轉語音」將文字訊息翻譯成各國語言的「語音」，利用電腦喇叭播放各國語音。

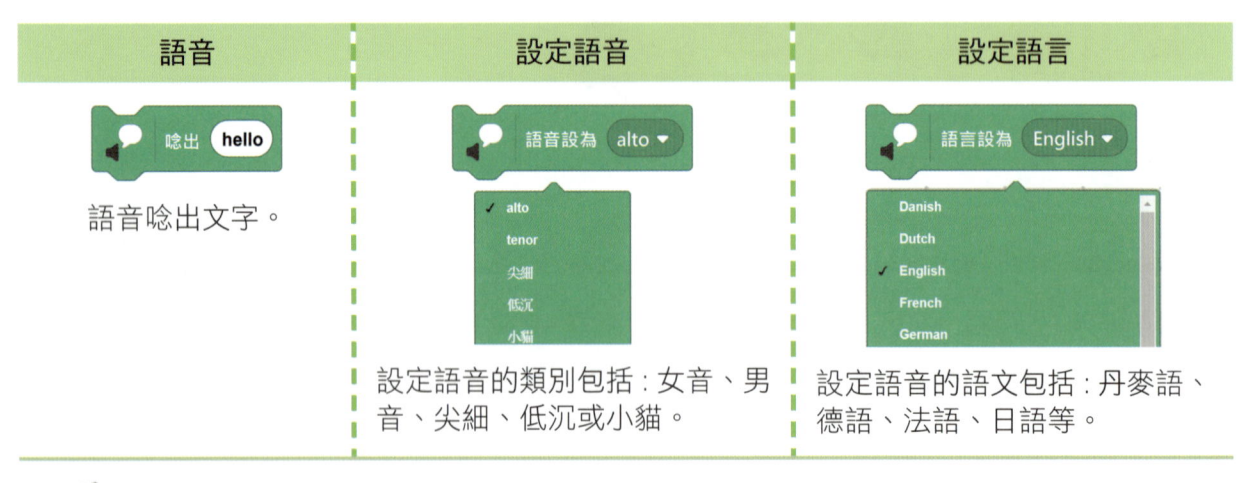

語音	設定語音	設定語言
唸出 hello	語音設為 alto ▼	語言設為 English ▼
語音唸出文字。	✓alto / tenor / 尖細 / 低沉 / 小貓	Danish / Dutch / ✓English / French / German
	設定語音的類別包括：女音、男音、尖細、低沉或小貓。	設定語音的語文包括：丹麥語、德語、法語、日語等。

做中學 　　　　　　　　　　　請同學自己練習做做看！

❶ 拖曳下圖積木，開啟電腦喇叭，檢查角色是否說出：「hello」的英文語音。

　　　　　唸出 hello
　　　　　語言設為 English ▼

146

8-3-2 文字轉換成各國語言語音

小貓角色說出:「請點選語言、輸入英文」、「我將唸出英文語音,並翻譯成中文、日文或法文」。當接收到「廣播訊息中文TW」時,唸出輸入的英文語音。

1. 點選【Sprite1(角色1)】,按 `事件`,拖曳 `當▶被點擊`。

2. 按 `外觀`,拖曳2個 `說出 Hello! 持續 2 秒`,輸入下方訊息,各1秒。

```
當 ▶ 被點擊
說出 請點選語言、輸入英文 持續 1 秒
說出 我將唸出英文語音,並翻譯成中文、日文或法文 持續 1 秒
```

3. 按 `事件`,拖曳 `當收到訊息 中文TW▼`。

4. 按 `偵測`,拖曳 `詢問 What's your name? 並等待`,輸入【輸入英文翻譯成中文】。

```
當收到訊息 中文TW▼
詢問 輸入英文翻譯成中文 並等待
```

5. 按 `添加擴展`中,`文字轉語音` 點選【文字轉語音】。

6. 仿照步驟5,添加【翻譯】積木。

Scratch 3.0 程式積木創意玩

⑦ 按 文字轉語音，拖曳 語音設為 alto 、 語言設為 English 與 唸出 hello 。

當收到訊息 中文TW▼
詢問 輸入英文翻譯成中文 並等待
語音設為 alto▼
語言設為 English▼
唸出 詢問的答案

⑧ 按 偵測，拖曳 詢問的答案 到「hello」，唸出輸入的英文語音。

小幫手

★ 唸出輸入「英文」的語音，記得開啟電腦喇叭。

★ 詢問之後，鍵盤輸入答案會暫存在 詢問的答案 ，小貓會唸出「輸入的英文語音」。

★ Scratch 3 官網連線版的「翻譯」與「文字轉語音」陸續增加各國語言。目前線上版的「文字轉語音」功能中 語言設為 Chinese(Mandarin)▼ 能夠唸出「中文繁體」的語音，輸入「中文字」唸出「中文語音」。

⑨ 按 ▶ ，再點按 【中文】，輸入【英文】，檢查小貓是否說出輸入的「英文語音」。

148

Chapter 8 多國語言翻譯機

8-4 翻譯各國語言文字

小貓將輸入的「英文文字」翻譯成各國語言文字。

8-4-1 將文字翻譯成各國語言文字

Scratch 3「翻譯」積木在 「添加擴展」中，新增 「翻譯」將文字訊息翻譯成各國語言文字。

翻譯成各國文字	偵測瀏覽者的語言
文字 hello 翻譯成 阿爾巴尼亞文 ▼ 土耳其文 中文(繁體) 中文(簡體) 丹麥文 巴斯克文 將輸入的文字翻譯成各國語言文字。	瀏覽者的語言 偵測目前 Scratch 瀏覽者的語言 ☑ 瀏覽者的語言  勾選顯示時，舞台顯示目前的語言【中文(繁體)】。 

做中學　　　　　　　　　　😊 請同學自己練習做做看！

❷ 拖曳下圖積木，開啟電腦喇叭，檢查角色是否說出：「hello」的日文語音。

　　　語言設為 Japanese ▼
　　　唸出　文字 hello 翻譯成 日文 ▼

8-4-2 翻譯各國語言文字

小貓將輸入的「英文文字」翻譯成各國語言文字。

① 按 外觀 ，拖曳 說出 Hello! 到 唸出 hello 下方。

149

Scratch 3.0 程式積木創意玩

② 按 翻譯，拖曳 `文字 hello 翻譯成 阿爾巴尼亞文` 到「hello」位置，點選【中文(繁體)】。

③ 按 偵測，拖曳 `詢問的答案` 到「hello」。

`說出 文字 詢問的答案 翻譯成 中文(繁體)`

↑ 英文翻譯成中文文字

> **小幫手**
> 利用 Scratch 3 官網連線版，在「說出」的下方新增積木
> `語言設為 Chinese(Mandarin)`
> `唸出 文字 詢問的答案 翻譯成 中文(繁體)`，
> 就能夠說出「中文語音」。

8-5 多國語言翻譯機

8-5-1 日文翻譯機

當小貓接收到「廣播訊息日文 JP」:(1) 詢問:「輸入英文翻譯成日文」;(2) 唸出「英文」語音;(3) 說出:「日文」文字;(4) 唸出:「日文」語音。

① 在 `當收到訊息 中文TW` 按右鍵【複製】。

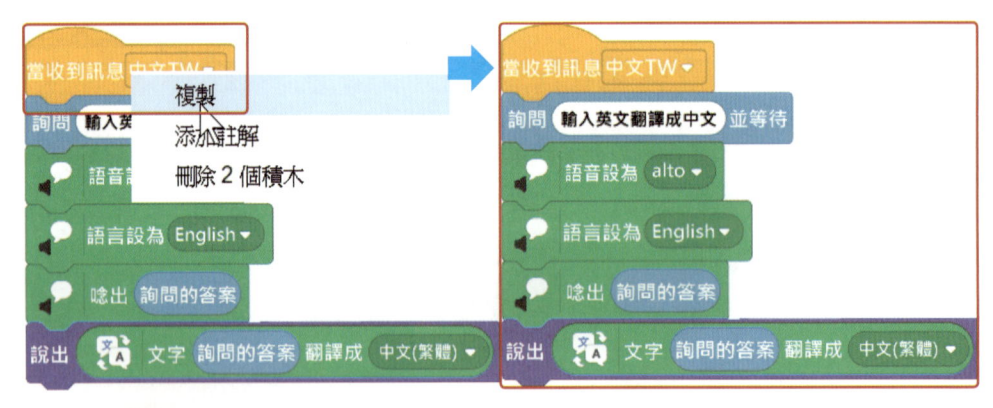

```
當收到訊息 中文TW
詢問 輸入英...
  複製
  添加註解
  刪除 2 個積木
語言設為 English
唸出 詢問的答案
說出 文字 詢問的答案 翻譯成 中文(繁體)
```

→

```
當收到訊息 中文TW
詢問 輸入英文翻譯成中文 並等待
語音設為 alto
語言設為 English
唸出 詢問的答案
說出 文字 詢問的答案 翻譯成 中文(繁體)
```

② 將「中文」改成「日文」。

```
當收到訊息 日文JP
詢問 輸入英文翻譯成 日文 並等待
語音設為 alto
語言設為 English
唸出 詢問的答案
說出 文字 詢問的答案 翻譯成 日文
```

Chapter 8 多國語言翻譯機

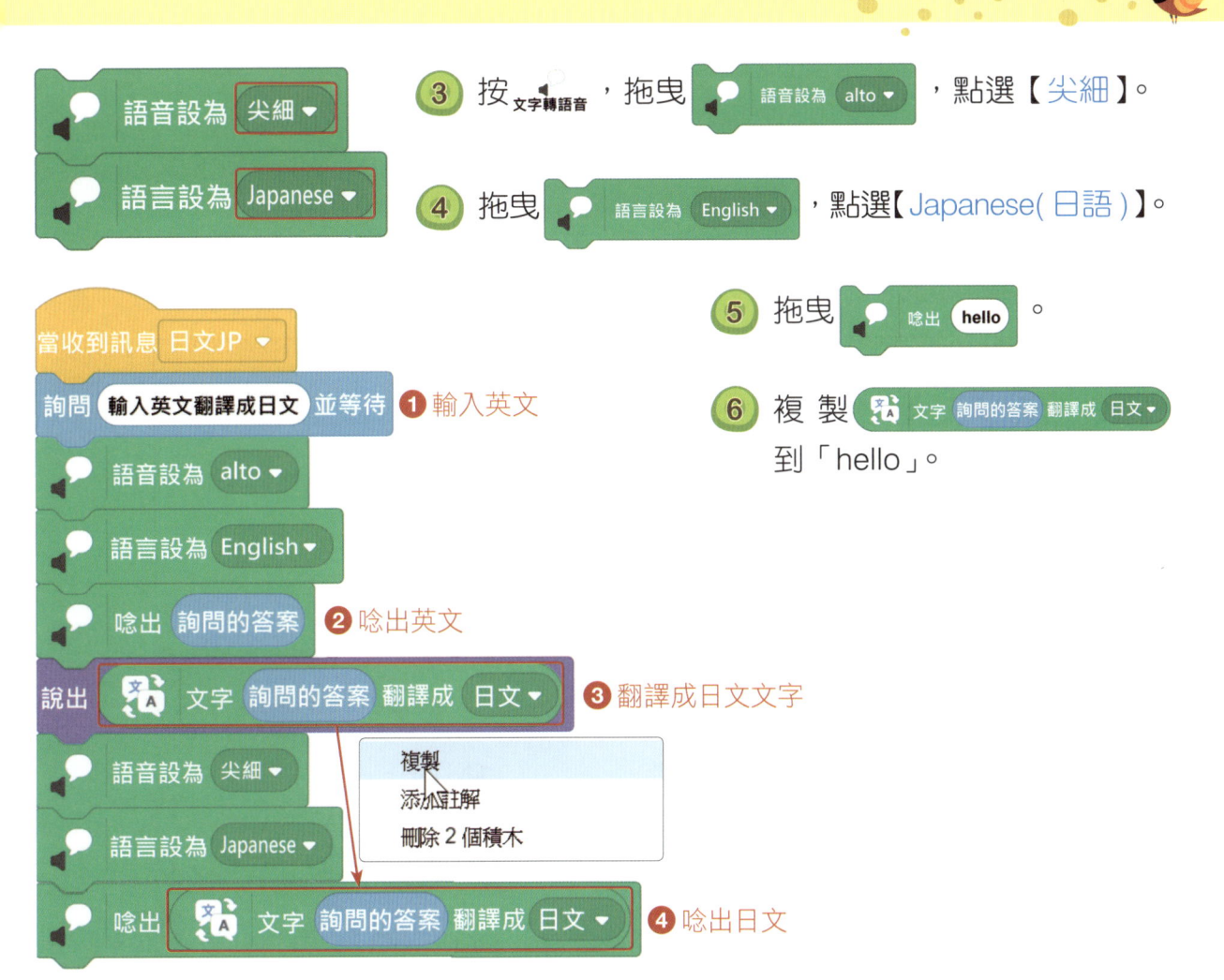

③ 按 文字轉語音，拖曳 [語音設為 alto▼]，點選【尖細】。

④ 拖曳 [語言設為 English▼]，點選【Japanese(日語)】。

⑤ 拖曳 [唸出 hello]。

⑥ 複製 [文字 詢問的答案 翻譯成 日文▼] 到「hello」。

❶ 輸入英文
❷ 唸出英文
❸ 翻譯成日文文字
❹ 唸出日文

⑦ 按 ▶，再點按 【日文】，輸入【英文】，檢查小貓是否說出輸入的「英文語音」、翻譯成「日文」文字並唸出「日文」語音。

151

8-5-2 法文翻譯機

當小貓接收到「廣播訊息法文 FR」:(1) 詢問:「輸入英文翻譯成法文」;(2) 唸出「英文」語音;(3) 說出:「法文」文字;(4) 唸出:「法文」語音。

① 在 當收到訊息 日文JP▼ 按右鍵【複製】。

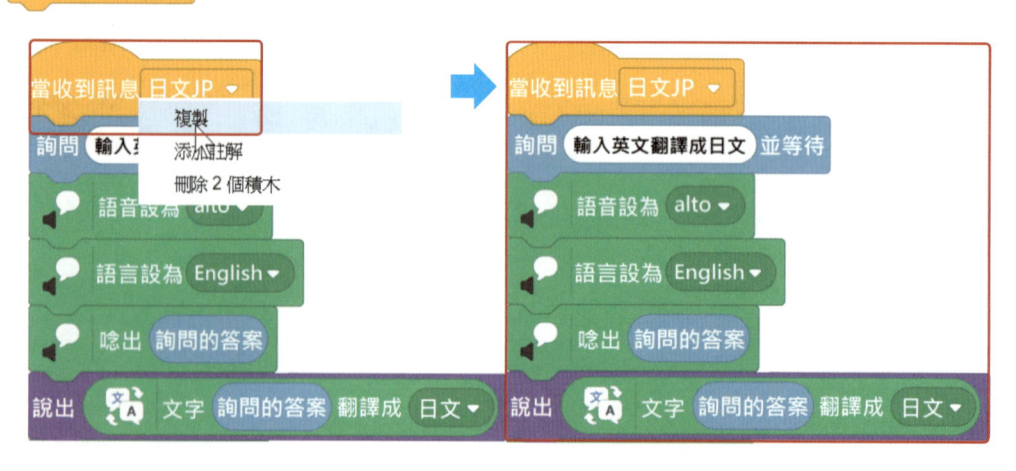

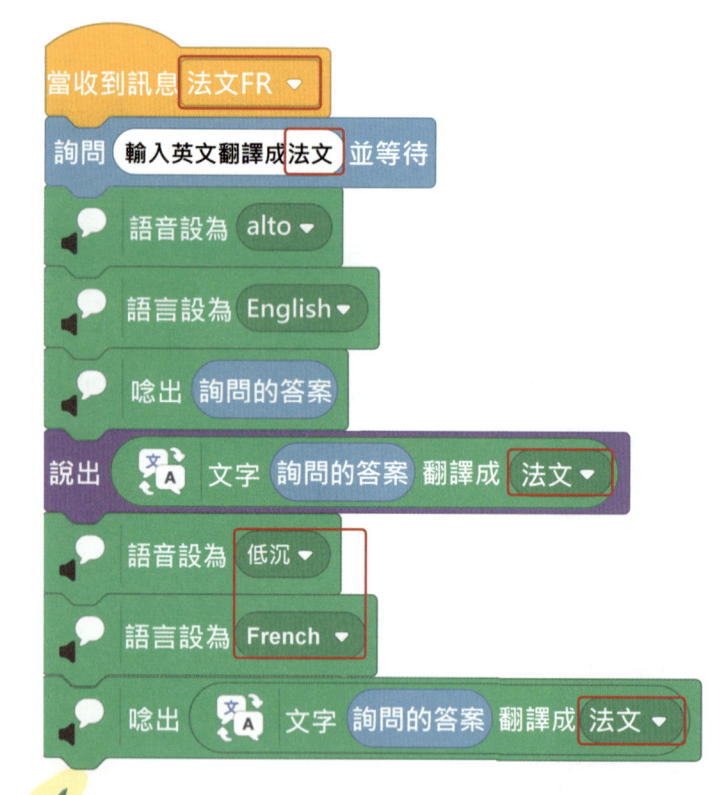

② 將「日文」改成「法文」。

③ 語音設定為【低沉】。

④ 按 ▶，再點按 🚚【法文】，輸入【英文】，檢查小貓是否說出輸入的「英文語音」、翻譯成「法文」文字並唸出「法文」語音。

課後練習

一、選擇題

1. （　）如果想規劃說出「英文 hello」的「語音」，應該使用下列哪一個積木？

   （A）唸出 hello
   （B）文字 hello 翻譯成 阿爾巴尼亞文
   （C）語音設為 alto
   （D）瀏覽者的語言

2. （　）下圖積木的功能為何？

   說出 文字 詢問的答案 翻譯成 法文

   （A）說出法文的語音　　（B）在舞台顯示「法文」的文字
   （C）說出英文的語音　　（D）說出詢問答案的文字

3. （　）如果想顯示「瀏覽者目前使用是哪一國的語言」，應該使用哪一個積木？

   （A）語音設為 alto
   （B）語言設為 English
   （C）瀏覽者的語言
   （D）唸出 hello

4. （　）下圖積木的功能為何？

   語言設為 Japanese
   唸出 文字 hello 翻譯成 日文

   （A）唸出 hello 的日文語音（B）顯示 hello 的日文文字
   （C）顯示 hello 的英文語音（D）顯示 hello 的英文文字

5. （　）下列哪一個積木能夠設定語音「發音的音調為低沉或男音、女音」？

   （A）語音設為 alto
   （B）語言設為 English
   （C）瀏覽者的語言
   （D）唸出 hello

課後練習

二、動動腦

1. 請練習按下鍵盤「a」，將英文翻譯成「韓文」文字，讓舞台角色說出韓文文字。

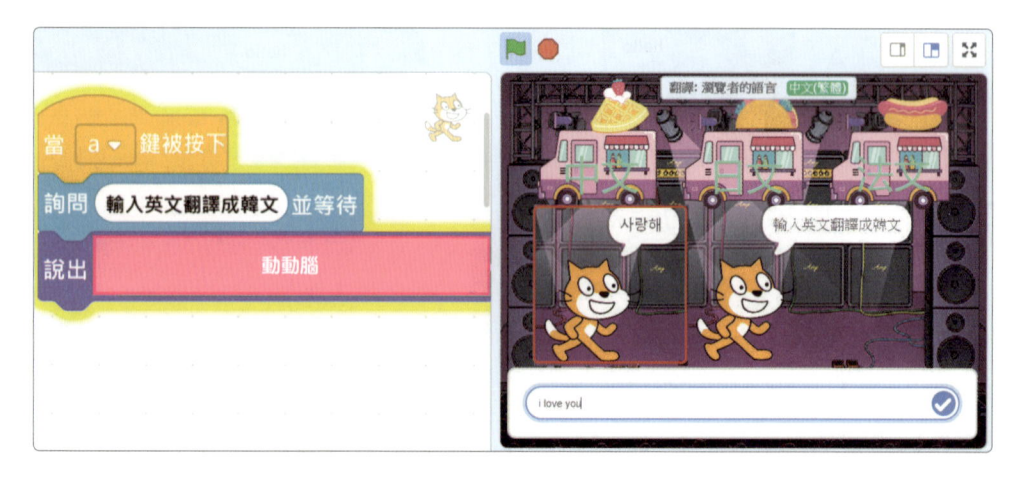

2. 請練習按下鍵盤「b」，將英文翻譯成「越南文」文字，讓舞台角色說出越南文字。

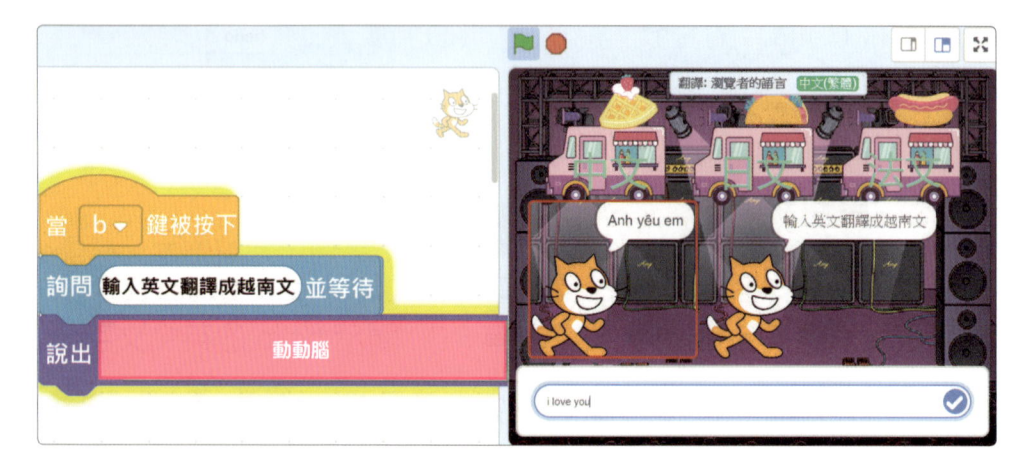